"地球"系列

GLACIER

冰川

[英]彼得·G.奈特◎著

数 羊◎译

上海科学技术文献出版社
Shanghai Scientific and Technological Literature Press

图书在版编目（CIP）数据

冰川 /（英）彼得·G.奈特著；数羊译 . —上海：上海科学技术文献出版社，2024
ISBN 978-7-5439-9011-1

Ⅰ.①冰… Ⅱ.①彼…②数… Ⅲ.①冰川—普及读物 Ⅳ.① P343.6-49

中国国家版本馆 CIP 数据核字（2024）第 048841 号

Glacier

Glacier by Peter G. Knight was first published by Reaktion Books in the Earth series, London, UK, 2019. Copyright © Peter G. Knight 2019

Copyright in the Chinese language translation (Simplified character rights only) © 2024 Shanghai Scientific & Technological Literature Press
All Rights Reserved
版权所有，翻印必究

图字：09-2020-503

选题策划：	张　树	责任编辑：	姜　曼
助理编辑：	仲书怡	封面设计：	留白文化

冰　川
BINGCHUAN
[英]彼得·G.奈特　著　　数羊　译
出版发行：上海科学技术文献出版社
地　　址：上海市长乐路 746 号
邮政编码：200040
经　　销：全国新华书店
印　　刷：商务印书馆上海印刷有限公司
开　　本：890mm×1240mm　1/32
印　　张：6.375
字　　数：117 000
版　　次：2024 年 4 月第 1 版　2024 年 4 月第 1 次印刷
书　　号：ISBN 978-7-5439-9011-1
定　　价：58.00 元
http://www.sstlp.com

目 录

前 言		I
第一章	思考冰川的方式	1
第二章	冰川的形成	26
第三章	冰河世纪：冰川的到来与消逝	53
第四章	冰川科学简史	67
第五章	冰川与全球环境系统	88
第六章	冰山经济学：风险与资源	104
第七章	冰川艺术	123
第八章	与冰川有关的故事	147
第九章	冒险·探索·启迪	168
第十章	冰川的未来	181

前　言

　　认识世界的方式有很多，我们看到怎样的事物取决于我们用什么样的方式去看待它们。艺术家、科学家、政治家与工程师，每个人都有自己的观点，所以每个人看到的事物都不同。市面上有许多介绍冰川的书，它们多从动力学、气候变化、地貌、物理学、水文学及其他方面关注冰川。乍一看，有关冰川的基础知识是这类书籍关注最多的方面。本书也确实介绍了一些基础的冰川知识，包括冰河世纪的历史、冰川景观如何形成以及冰川在全球气候变化系统及海平面上升的大环境中所扮演的角色，但仅介绍这些是不够的。马塞尔·普鲁斯特在他的小说《追忆似水年华》中提到，探索之旅的可贵之处不在于探索新地方，而在于拥有看到新事物的眼睛。本书将从探险家、政治家、艺术家、诗人、讲故事的人和科学家的视角去看冰川。我们从不同的视角加深对它们的理解，获得更丰富的知识。

　　人类世界是从地球历史上一个不寻常的阶段发展起来的：大约15%的地质时间存在着冰川。冰川之前的数

一座高山冰川逐渐陷入阿拉斯加的冰川湾

量比现在的多得多,而它会前进后撤这一事实人们知晓还不到 200 年,许多冰川就是因为人类活动消失的。这个事实既是科学层面的,也是文化与自然关系层面的。我们可以称它为冰河世纪的转变:人类生存在物理意义上的冰河世纪,这时冰川影响着景观;同时人类也生存在文化层面上的冰河世纪,我们对冰川如何融入地球生活的理解,影响着我们对世界的认知。

在过去的 200 年,冰川慢慢影响着人们的文化、精神和自我的认知。物理意义和文化层面的冰河世纪对人类的影响体现在科学发展、未来环境和经济等方面,也体现在艺术创作与冒险之旅等方面。对于那些对冰川知之甚少甚至一无所知的读者,这本书提供了广泛且具概

我们如何理解冰川取决于我们如何看待它们,而我们的观点会随着时间变化。这张照片是 2015 年 9 月在国际空间站拍摄的,它展现了智利百内国家公园南部的冰川以及一台正返回地球的太空舱

括性的介绍：从科学角度解释冰川是如何形成的以及冰川在艺术领域和人类想象中的特征。对于那些已经较为了解冰川的读者，这本书能为他们提供一些新的观点。

第一章　思考冰川的方式

冰川是极地或高山地区沿地面运动的巨大冰体。

今天，自远方，看着你走远。一座冰川没有任何声响，闪耀着滑向大海。

上述对冰川的解释，一条是科学家给出的精准定义，一条是诗人用唯美的诗句描写的。人们独特的认知使冰川对于每个人都有着不同的意义。

在历史长河中，虽然冰川存在的历史断断续续，但它们已经有超过200万年的历史了。尽管与人类共存了漫长的时间，直到20世纪，我们才知晓冰川的重要性。"冰河世纪不断变迁"这一观点被世人了解，"冰川曾经覆盖地球表面的面积比现在大得多"这一事实广为世人接受还不到200年。我们才刚刚意识到自己生活在文化层面和物理意义上的冰河期。我们中很少有人有意识地将"冰川"视为自己世界观的中心，但我们现在的确理解了冰川的作用。在过去，它们创造了我们周遭的景观；在未来，它们将是影响未来气候变化的主要因素。但当我们在认识冰川的同时，我们也同样意识到物理意义上的冰河世纪即将终结。我们将失去这些冰川,然而过快地失去它们就是我们的过错。

我们意识到冰川对于全球生态系统的重要性。这样的认知与之前有很大不同。我们意识到自然的脆弱、复杂、神圣、无常、广阔、美丽甚至恐怖。不论我们居于地球何处,只要见到冰川,就会有所触动。冰川创造了风景,决定了土壤和作物生长的自然环境,影响着大气与海洋循环甚至全球的生态系统。冰川影响着海平面的高度,它们为百万人提供饮用水和灌溉水源。冰川并不遥远:它们能触及任何事物,到达任何地方。换个角度说,冰川又是遥远的事物,尤其对于那些居住在中、低

冰川奇观:冰雪覆盖的山脉

纬度地区的城市居民，它们的名字能使他们联想到荒野、冻结的荒原与极地荒漠。

你如何看待冰川取决于你于何时居住在哪儿。在有争议的边境，交火造成的死亡人数要比由雪崩和高原疾病引起的死亡人数多得多。

2012年，一场雪崩导致129名巴勒斯坦士兵死亡。但锡亚琴冰川和它被遗忘的战争没能占据国际新闻头条。对于大多数人来说，从没见过冰川甚至即使见到了，也认不出那是冰川。冰川历史学家马克·凯利发现一些游览美国蒙大拿州冰川国家公园的游客，甚至认不出他们看到的第一座山便是一座冰川。在另一些地方，冰川在人们的日常生活和文化历史中扮演重要的角色。欧洲的阿尔卑斯山脉孕育了丰富的民谣故事、神话和传说，冰岛冒险故事充满了冰川和冰河。如果你与冰川一同成长、生活，且处于一个冰川文化浓郁的环境中，那么你会对冰川有与众不同的看法。

人类学家朱莉·库萨克在描写阿拉斯加和育空地区的居民时，描绘了他们人与自然共融的传统：在阿拉斯加与特林吉特的口述历史中，冰川会根据周遭的变化而采取行动。它们对气味和声音很敏感。它们会用自己的方式惩罚违反自然规则的行为。一些十分了解冰川的长者这样描述冰川：冰川是有生命的，这生命源于其所处的环境，同时它们也能滋养其他生命。

冰川不断向大陆推进，引发毁灭性的洪水和雪崩，

冰川冰层的近景照片，图中有纯冰（深色）和含有气泡的冰（浅色）

摧毁人类定居点。这似乎是一场我们后悔曾以令人信服的姿态打赢的战役。全世界的冰川都正从山顶消失,这导致一系列新的环境危机和文化演变。

从传统到浪漫

许多地方流传着有关冰川的民间故事。厄瓜多尔的安第斯传统故事借白雪皑皑的山峰来表现它们所代表的神话人物。比如,当白雪覆盖科塔卡齐峰,其中一个故事会告诉我们这预示着因布拉——相邻的火山将要在今夜来看她。如果谈起气候变化和因冰雪消失而显得"暗淡"的山脉,年轻一代可能会讨论气候变化的后果,而老一辈则喜欢在传统故事中探寻重大事件,并将这些变化归结于科塔卡齐峰的"惩罚"。处于不同文化或同一种文化不同年代的人们对事物总有不同的看法。随着新思想的传播,重新审视周遭景致的思维浪潮接连来袭:开化时代、浪漫主义时代、探索时代、剥削时代、环境良知时代……

开化时代到来前的欧洲,人们普遍将冰川视作遥远、险恶、危险的存在:它们是阻碍亦是威胁。它们与那些超出人类文明或法律范围的地方联系在一起,那些地方有盗匪、雪崩。在这个时期,冰川同样是威胁:它威胁着人类社会。14 世纪到 19 世纪末被称为"小冰河时代",欧洲和世界其他地区存在大量冰川逼近大陆的情况。冰

第一章　思考冰川的方式

位于蒙大拿冰川国家公园的格林内尔冰川小径

川的扩张遮蔽了土地，当它们封锁河道，蓄水成湖再突然决堤就会引发毁灭性的洪水。

到 17 世纪末，欧洲人对冰川和荒野景观的认识中又多了一些微妙的东西。

以往旅行者在阿尔卑斯的荒野中穿行，他们只是远观冰川，这样身家性命和财产得以保全。与如今的冒险路线最接近的，恐怕要数联通策马特和圣莫里茨的铁路

7

冰川

这张照片摄于1903年,展示了夏蒙尼冰湖上的一群游客

线——"冰川特快"。这条路线由于在山间溪流和崎岖峭壁之上延伸,因而被称为"难以置信的美"。由于这条线路既将令人期待且充满危险的风光置于眼前,又把风险把控得很好,因此人们可以安全地享受这种危险。18世纪的哲学家埃德蒙·伯克和伊曼努尔·康德在一个关于崇高与顶点的理论中这样描述一种感受:在意识到大自然压倒性的力量与人类自我的渺小后,人们还能在安全距离观察令人生畏的自然风光,这确实值得开心。这个观点随着艺术和文学的发展而盛行。艺术家们(如透纳)和诗人们(如沃兹沃斯)歌颂自然界的野性光辉,荒野

第一章 思考冰川的方式

景观、山峦冰川、海上风暴和其他危险的自然现象都是这一光辉的例证。随着偏远地区探索的不断加深，旅行者得以到访此前无人可及的地区，那些因极度荒芜而产生崇高感受的地方变得越发遥远。

19世纪末，阿尔卑斯山脉已经不足以承载众人对既危险又令人敬畏事物的想象。当想到可畏可敬的终极荒野时，极地地区开始取代阿尔卑斯山脉，成为人们的焦点。

20世纪初的极地探险活动是建立在探索兴趣、帝国主义和浪漫冒险之上的。斯科特、沙克尔顿和其他人的日记和报告都表现出史诗般的英雄气概。除了科学发现，这些日记和报告都清楚体现出人类与荒野的关系，从探险者们的船名就可以得知：斯科特驾驶着"发现"号；沙克尔顿的船是"耐力"号；南森的船是"弗雷门"号，

前往策马特的冰川快车

《望向地狱之门——魔鬼山顶的壮观景象》,来自罗阿尔德·阿蒙森的1910—1911年南极远征

在挪威语中意为"向前"。探险家们将冰川视为他们获得进步所需要跨越的障碍。罗斯冰架被视为大障碍,彼尔德摩尔冰川在斯科特的日记中是一道通往极地平原无法逾越的门槛。20世纪后期,位于珠穆朗玛峰峰顶、大本营之上的昆布冰瀑同样象征着"障碍"——冰川是获得极大奖赏(满足)前需要跨越、克服及战胜的事物,是挑战,亦是值得尊重的对手。

科学的最前沿

斯科特的南极考察不只是冒险,还是科学探索。从

第一章　思考冰川的方式

珠穆朗玛峰上的登山者正从营地1经昆布冰瀑行至大本营

20世纪到现今，随着开拓新疆域机会的逐渐减少，充满挑战的野外考察，都或多或少与科学探索有关。

即使是学校的孩子们组队前往冰岛或美国阿拉斯加旅行，也似乎需要声称这是为了做某些"科学实验"才能获得资金支持。21世纪前，冰川在大众想象中已经成为担忧全球气候变暖的代言人，于是很容易被任何想研究环境变化科学的人选中。其实，冰川科学已经与我们在200年间对气候变化不断发展的理解密切相关。在19

2002年3月,美国国家冰雪数据中心发起"南极洲大丘陵"研究项目,科学家们被安置在南极冰川之上的帐篷内

世纪40年代,瑞士科学家刘易斯·阿加西开始说服地理学界相信一些人已经注意到的事实:过去冰川的数量远比现在多得多,那一定是所谓的"冰河时期"。如果过去曾有这样一个冰河时期,而冰川又在如今缓慢减少,那么环境一定已经发生了改变。从那时起,冰川学与气候变化学的关系开始变得紧密起来。

环境政治战场

现在科学家和大众对冰川的了解远比19世纪40年代多得多。19世纪40年代我们不知道南极洲下方有什么,甚至连格陵兰岛的中心是什么都不了解。关于这方面的

第一章 思考冰川的方式

考察报告很少且不完善。而现在与过去不同，即使是远离冰川的人也能在庞大的信息流中了解这样的信息：冰川逐渐消失对环境带来的威胁、对边远地区的人们生活方式带来的改变，最近断裂的冰架或是某座在19世纪40年代还没有被发现的冰川已经消失。现在在网上，我们可以查看在这个星球上任意一座冰川的卫星画像和图片。因此，冰川因距离产生的神秘感也随之减少。研究测量或记录冰川历史的伯尔尼大学专家海因兹·尊布勒指出，"表现冰川的技术手段在发生变化。从绘图到照片的变化也表明人们对冰川的认识也在发生变化——从认为它具有魔力到更科学客观"。如今生动且即时的通信和经验共享在过去并不存在，那时的大部分人过着不受冰川概念影响的生活，他们对冰川的理解多来自神话和想象。但即使是在科学进步、信息流持续不断的今天，仍有大量人对基础科学不关心。还有许多受到环境政治争端影响而产生的令人不安的、被故意制造的错误信息。也有科学失误，如2007年政府间气候变化专门委员会将2035年作为喜马拉雅冰川消失的可能时间。这样宣传掩盖了真相还让人们错过了真正应该值得关注的信息，如2009年玻利维亚的恰卡塔雅冰川的消失。

尽管我们现在对冰川的了解比100年前更深入，但我们似乎仍然忽视了冰川带来的影响。例如，在挪威以外没有多少人听说过约斯特谷冰原，但它是大到足够为挪威供应100年水的冰川。

阿拉斯加白令冰川,由美国"陆地卫星7号"于2002年9月拍摄

玻利维亚以外的人或冰川学界注意到了恰卡塔雅冰川的逐渐消失，然而恰卡塔雅冰川已经成为全球环境问题的早期牺牲品。

本书开篇我们已经谈论了消失的冰川、环境变化和这些可能引起的社会变化。现在，围绕冰川问题进行探讨迅速变成了关注它们的消亡。当我们想到冰川，它不仅仅是气候变暖的代表，更像一种"濒危物种"。历史学家马克·凯利把我们的这种失落感归结为科学以外的因素。可以说，冰川正在消失这种说法因不同的原因引起不同人的关注。它们与我们的环境、社会特征相关联，它们的命运与我们所有人息息相关。冰川消失问题涉及的范围很大，也很棘手，科学也不是回应这一切的唯一答案。

艺术与想象力

艺术和科学是理解我们周围世界的方式：两者都对什么是重要的做出选择，都对如何表现和交流什么重要的事项做出选择。科学不是人们理解冰川的唯一方法。冰川以不同的形式启发着艺术家，从阿尔伯特·比尔施塔特的山峦景观画和玛丽·雪莱的小说《弗兰肯斯坦》，再到当代艺术家安娜·麦基，她与科学家合作，根据冰川展现的气候变化情况创作作品。对于麦基来说，冰是对自然界深刻记忆和生态系统脆弱的一种隐喻。21世纪

第一章 思考冰川的方式

直到2009年冰川消失前,位于玻利维亚安第斯山脉的恰卡塔雅冰川都是世界上海拔最高的滑雪胜地

初,在画廊目录和冰川艺术家网站的《艺术家声明》中,最主要的一句话是关于环境的。

艺术家们都处于保护冰川的战役中。像麦基、吉尔·佩尔托、凯蒂·帕特森及其他考察活动的成员创作的由冰川启发的艺术品,既呼应了我们的传统想象,又为它们注入了新的活力。艺术与科学合作的趋势越来越明显,但这是建立在科学和冰川艺术长期联系的基础上的。爱德华·威尔逊在最后一次极地旅行中与斯科特一同离世。在这次旅行中,威尔逊将科学与艺术结合起来,创作了南极景观的效果图。现代气候科学使用旧画作来测算冰川衰退的程度与范围。

本书探讨科学家与艺术家对冰川的不同看法,而这

17

冰 川

两者间也存在许多明确的共同点。"他们展现出探究与分析的思维以及对景观结构的持续探索"的这一评论不只适用于科学研究,还适用于 20 世纪英国艺术家威尔海姆娜·巴恩斯·格雷厄的作品。她根据自己在欧洲阿尔卑斯山的旅行绘制了一系列冰川图。英国历史学家 W.G. 霍斯金斯在 1955 年创作了《诗人是最好的地形学家》。环保作家西恩·艾德在 2005 年提出"科学是不是一种新的艺术"的观点。艺术与科学之间的界限不再泾渭分明,而随着冰川被视为环保运动的象征,两者的界限就越发模糊。对于一名电视制片人来说,一只北极熊孤零零地站在一座小小的冰川上,比起因冰川逐渐融化而掉落的冰块撞向海面更能说明全球气候变暖。在环保的战场,冰川已经成为典型代表,而冰川艺术就是宣传品。

爱德华·威尔逊,《大冰障——从岬角东面望去》,1911 年,水墨,绘于斯科特南极考察途中

第一章 思考冰川的方式

冰川的转折

本书选择了一些案例来体现人们是如何从不同的角度看待冰川的，这些案例会十分具体。如果我在100年前写了这样一本书，或者在100年后重写这本书，它们的背景和重点将与现在的完全不同。科学家们提到了我们看待世界的方式的重大变化是范式的转变。当伽利略认定太阳是太阳系的中心，当牛顿发现了万有引力，或当第一批宇航员从太空望向地球，人们对世界最根本的理解已经改变。在艺术和科学领域，这些重大的、态度上的变化即为"转折"。在文学研究方面，阿德里安娜·克雷西恩和其他人讨论过18世纪的"海洋转折"。20世纪末，社会科学领域的许多研究方向作为"文化转折"的一部分被重置。这和人们了解冰川的历史有一些相似之处。在19世纪中期前，冰川在科学和公共意识中的分量很小。接着在19世纪40年代，"冰川曾覆盖地球的许多地区并且将来会再次广泛分布"这一观点被世人接受，这不仅使得冰川科学获得追捧，还使得大众开始重视冰川。查尔斯·达尔文出版了关于冰川的重要著作。冰川地带是英勇探索极地的特征。在短短几十年里，冰川和冰河时代成为我们理解地球如何运行的中心，也是理解我们在自然环境中所处地位的核心。这就是范式转变，我们称为"冰川转折"。

冰 川

有些冰川比较容易接近。这是位于新西兰莫尔豪斯山脉中的塞夫顿山

　　这次科学层面的冰川转折是有据可查的，但文献中没有对冰川在我们文化世界观和心理世界观中的重要性进行很好阐述。我们对冰川的理解发展得非常突然。从19世纪中期开始，刘易斯·阿加西让世人相信冰川曾比现在多得多，并且在一个漫长、古老的冰河世纪改变了地球景观。自此，我们对物理世界的理解突然改变，我们对自己所处环境的看法也发生了变化。在这个世界上存在着冰川这样的事物，于是我们对环境有了特殊的认识，这种认识强烈地反映在我们所处环境中。一方面，冰川和冰原让人类感到自己的渺小；另一方面，人类活动对它们造成的影响表明，我们对地球有着巨大的影响

游客们在冰岛第二大冰川朗约库尔的边缘探险

力。这种不断发展的观点体现在艺术作品中的冰川以及国际政治环境中的冰川上。因此，我们不仅生活在物理意义层面的冰河世纪（地球上存在冰川的时代），而且在过去的一个世纪里，我们还生活在文化意义层面的冰河世纪。换句话说，在这个时期，人类注意到、认识到并赋予冰川以物质和文化层面上的重要性。悲剧的是，我们关注冰川的时候，正是冰川濒临崩塌的时候，而它们的崩塌可能部分源于人类的行动。

冰川与宇宙万物

在大卫·苏格登和布莱恩·约翰1976年的开创性著作《冰川与景观》中，他们将冰川视为"整体系统"，强调其各个"功能组件"之间的联系，包括输入、输出、变量和平衡。现在这种方法往往被视为冰川"景观系统"，成为冰川和冰川地貌科学研究的核心。我们可以增加这种方法的适应性，去考虑冰川和我们在其他方面得到的冰川经验之间的关联。作为一个受过专业训练的地理学者，本人一直在寻找一种"全面的地理学"，其中人类环境中的社会、艺术、科学和情感因素都包括在内。这种跨文化的混搭越来越普遍，世界范围内这些自然与文化交叉的体验机会非常丰富。例如，蒙大拿州的冰川国家公园同时举办了一个艺术家驻场计划以激励人们对景观的艺术探索以及一个借助训练有素的游客来收集科

第一章 思考冰川的方式

新西兰菲奥德兰国家公园冰川的碎裂表面

学信息的公民科学计划。还设计了一个"特别游客周末"活动，为游客提供从历史、科学、艺术层面了解冰川的机会。当然，户外运动也是少不了的。

从不同的角度试图了解冰川的人可以很容易地达成共识。科学家理查德·艾利将了解冰川如何移动描述为冰川科学的关键知识。玛丽·雪莱在《弗兰肯斯坦》中描述道,"积聚的冰,以永恒不变的自然法则无声运动,不断被撕裂,就像它是造物主手中的玩物"。对于科学家和艺术家来说,冰川运动规律是冰川故事的核心。艺术家和科学家们经常提出相同的关键要素:时间、运动和规模,这三者是相通的。在想象中,冰川期的长短、冰川运动的和缓与冰川规模的大小相辅相成。冰川利用漫长的时间,缓缓累积着一个世纪又一个世纪的降雪,直到达到一个非常大的规模。理查德·艾利用"3千米的时间机器"这个说法来形容从冰层中钻取出的冰芯,它能带人们了解过去的气候。冰芯科学家就像是时间旅行者。时间与速度有关:从冰河世纪的跨度测算冰川运动速度。可以积聚成如此大的规模,部分原因是冰的移动速度很慢。那些巨大冰块只是逐渐向外和向下流向海洋。地球表面最大的固体是南极冰原。在这么大的范围内和这么长的时间里,冰原收集、积累、吸收和隐藏所有从它上面掉下来的东西以及所有从下面被吸收上来的东西,像是古老的火山尘埃、坠落的飞机、失踪探险家的尸体。10万年前的大气被冰冻在粉碎的雪花中,又在我们的舌间释放,成为唇齿间融化了的古冰碎片。对于水文学家来说,冰川是全球水循环的一个储水点。对于气候学家来说,冰川可以显示古代大气变化情况。地质学家认为,冰川是缓缓运输碎石的传送带。而对于冰川地质学家来说,冰川供应、分发着冰块、水和碎石。冰川还延续着历史，古冰层中突然爆开的气泡传递着信息，将我们置于那时的环境，给我们启发，帮我们理解自己是谁。

冰川在人类的想象中有着特殊的位置，在科幻、诗歌、音乐、绘画和其他表现形式中是一种象征或符号。但这象征的本质与复杂程度都在随时变化：冰川是壮丽景观的创造者，提供着水源、度假胜地，激励着创新与精神自省。对于环境学家来说，冰川从属于全球物理系统，也是环境变化的晴雨表，它记载着星球的气候变迁历史。同时，冰川也是人类活动的受害者，就像濒危物种或是即将消失的栖息地，它的境遇激励人们开展环保运动。冰川融化倾入海洋，危及沿岸城市和集水区灌溉水源的安全，它于是成为环境和政治层面的威胁。

第二章　冰川的形成

冰川是一种由地表积雪形成的冰体。积雪会因厚度增加而变形或在自身重量的作用下流动。人们不时修改冰川的官方定义，但"冰川总在运动"的概念一直都是核心。如果冰川的某一部分停止移动，冰川学家就会称其为"死冰"。"冰川"一词曾指的是冰的载体或提供者，但冰川不仅有冰，任何落在冰川上、进入冰川内或埋在冰川下的事物，像是火山灰、花粉和陨石等，都可以被冰川这一自然界最伟大的传送带运输。1942年，一个中队的8架美国战机在格陵兰岛紧急迫降后被遗弃。50年后，这些飞机在地表以下81.7米处被发现。其中一架被挖掘出来并进行了修复，其余的可能在未来的某天出现在冰原边缘。1952年，美国空军的一架C-124"环球霸王二号"飞机在阿拉斯加科洛尼冰川坠毁，机上52名乘客全部遇难，残骸很快被冰川吞噬。在接下来的60年，冰层每天向前移动一些，终于坠机的残片在冰川下游22.5千米的地方出现了，当时一些冰块裹挟着残骸进入了乔治湖。

第二章 冰川的形成

有时冰川可以将它周围的岩石运送到几千千米之外。这些"背井离乡"的岩石被称为"侵蚀物",它们可以帮助早期的地质学家研究冰河时期的历史。我的办公室位于英格兰中部地区一个砂岩地形的乡村,办公室外的基座上有一块花岗岩巨石,它源于苏格兰达尔比迪的一处露出地面的岩层,冰川将它运送了大约240千米才来到这里。这块巨石形状独特,其尖锐的边缘被磨圆,侧面有清晰的切面,明显地反映了岩石曾沿着冰川床滑动。在前冰川期地区,只要你耐心探寻,这种冰川漂砾有很多。由于冰川有十分准确的活动方式,因此它们对景观有非常具体和易识别的影响。

冰川的形成和存续取决于积累过程中(大多数冰川

1952年坠毁的C-124"环球霸王二号"飞机的起落架出现在科洛尼冰川表面。这块残骸被埋在冰川中长达60年,直到2012年初才重见天日

冰 川

冰川运动运送这些巨石从很远的地方来到西格陵兰岛的冰盖边缘。近圆形且多面的特征显示，它们是冰下运输的巨石。基岩展现了冰川运动磨损后平滑的表面

以降雪为主）增加的冰量和消融过程中（如融化或冰川撞击）减少的冰量。这种"质量平衡"决定了一座冰川的健康。正的质量平衡（积累多于消融）意味着冰川正常生长，持平意味着冰川状态趋于稳定，而负的质量平衡意味着冰量的流失。当冬季的降雪在每年夏天没有完全融化留存下来，且被下一个冬天的雪掩埋时，冰川就开始形成。

　　随着积雪的增加，深层的雪会被挤压成冰。冰岛那样的环境每年都下大量的雪，雪的融化和再冻结加快了冰的形成，由雪变冰的过程可能在一两年内完成。而在更冷、更干燥的环境中，降雪较少，水也较少，因此也许几百年后雪才会变成冰。在南极洲中部，降雪层已经

第二章 冰川的形成

加龙省岛冰川携带的一块巨石。这样的石头可能是从山谷边掉下并被带到冰川表面的，冰面上的旅程保留了它颇具棱角的特征。而滚入冰川床的碎石则相反，在运输过程中它们的表面会发生巨大的变化

积聚到超过 4000 米的冰层深度。我们不确定底部的冰到底是多久以前形成的，但有从 3000 米的冰层钻取的冰芯已经提取到了 80 万年前的冰。

冰川按形态和规模主要分为大陆冰川和山岳冰川，其中大陆冰川又称冰盖。目前，地球上主要有两大冰盖：一个覆盖南极洲的大部分地区，一个覆盖格陵兰岛的大部分地区。

南极洲的冰盖非常厚，厚到将整个山脉都掩埋其中，而地表不留痕迹。南极洲东部甘布尔采夫山的面积与欧洲阿尔卑斯山相似，海拔高度也差不多，但完全被掩藏在南极洲厚厚的冰盖之下。2012 年，人们在南极冰原下首次发现了深似大峡谷的裂谷，它深达 1.6 千米

29

却完全掩藏在冰层之下。科学家们使用穿冰雷达试图找到是什么使得冰原的某些部分比其他部分融化得更快,最终他们发现了这个1.6千米深的峡谷。接着在2016年,科学家称发现了一条更长的峡谷。地质学家斯图尔特·贾米森宣称,南极洲的冰床比火星表面更不为人所知。

南极洲曾存在其他冰盖。在大约12000年前,覆盖了现在加拿大和美国北部大部分地区的劳伦特冰原,远远比今天的南极冰原大得多。当劳伦特冰原融化时,它释放出的水量大得惊人:这就像是西方传统故事中描述的那场全球大洪水。事实上,许多文化有着与洪水相关的神话,也许当时的洪水就是产生这些神话的关键要素,

冰川表面的裂缝反映了冰在冰川运动产生的压力下发生冰层断裂

或者与其说是遥不可及的神话，倒不如说这些故事更像是有事实依据的传说。今天99%的冰川冰分布在格陵兰岛和南极洲的冰原，其中91%在南极洲，8%在格陵兰岛。有的科学家认为冰原与其他类型的冰川完全不同，甚至有关于"冰川和冰原"的书籍，将它们视为两种不同的事物。然而，尽管两者对地球环境的影响不尽相同，它们有很多相似之处。

冰盖与冰原很相似，但规模较小，如冰岛的米达尔斯冰川。冰场也覆盖了相当大的区域，但并没有完全掩盖其所处的位置。冰场如布帘般遮着山脉，露出山顶，冰块时不时闪现在山谷中。其中最著名的是加拿大落基山脉的哥伦比亚冰场，公路交通可以让人们方便地来到这里。这段旅程被宣传为"冰场公园路"——世界上最壮观的旅程。有时，一座山有自己的局部冰层，被称为"外壳"，例如南美洲安第斯山脉的钦博拉索和科托帕希等火山，它们的山顶都覆盖着冰层。或者著名的、命途多舛的冰川如乞力马扎罗山脉，也曾有着类似的冰封山顶。但随着地球环境的不断变化，山顶的冰雪在逐渐消融，不再覆盖山峰。从大冰原向外延伸或是从局部山地堆积区生长出来的长长的冰川，像冰河一样蜿蜒穿过地表，它们被称为"山谷冰川"。

长约80千米的费琴科冰川位于塔吉克斯坦，它常被称为极地以外最长的冰川。孤立在山坡上的小冰川被称

冰 川

格陵兰岛的象脚冰川是一座山麓冰川,通过山区的一个缺口出现,并扩展到较平坦的谷底

为"圆环"或"柯里"冰川,它们占据了山坡上的空地。最小的冰川被称为"利基",在一平方千米范围内的山坡上,随处可见它们的踪影。利基的数量是如此之多,而

第二章　冰川的形成

且多在偏远地区，以至于即便在这个卫星技术十分普及的时代，人们也很难通过可靠的地图来知晓世界上所有利基的位置。2012年出版的所谓《格陵兰岛第一份完整冰川目录》是基于1999年至2002年期间收集的卫星数据，因此它一出版就已经过时了10年。即使有一张完整的世界所有冰川的最新地图，环境变化的速度也是如此之快，第二年可能就会出现错误。

找到这个快速变化世界中的新事物，紧接着发现它们又发生了变化，这就是冰川的魅力。冰的运动主要有三种机制，分别是冰床面滑动、内部变形（又称为"蠕变"）以及冰川所处地表的形态发生的变化。在桌面上滑动一块冰似乎很容易实现，但现实世界并不像桌面那样

自从20世纪70年代中期，ANSMET（南极陨石搜索）团队已经在南极洲的冰面找到了超过2万个陨石。图中展示的是成员在2015年12月对一块新发现的陨石进行检查

冰 川

光滑，冰川必须通过各种方式克服滑动面临的阻碍——小到毫米级的变形，大到一座山峰的阻碍。冰川上层接近熔点的冰在融化后会重新冻结，这能帮助冰川绕过障碍物，但这种方式对处于更寒冷环境的冰川不太奏效。冰川学家区分冰川类型的主要方法之一就是，暖温带或温带冰川的上层接近熔点，而寒带冰川则不然。许多冰川某些部分温度很低，而其他部分温度高，我们称它们为"多热冰川"。总的来说，寒带冰川的移动速度没有温带冰川那么快。一旦寒带冰川被冻在冰床上，滑动或蠕变都会变得不那么顺利。有些冰川依托坚硬的基岩，但

在这张加拿大努纳武特省巴芬岛彭尼冰盖的部分图片中可以看到，各种冰川环境，包括冰盖本身和一座带有几个支流出口的冰川

第二章 冰川的形成

钦博拉索火山靠近赤道,由于地球的赤道处略为隆起,因此钦博拉索火山的山顶冰盖是距离地球中心最远的冰川

还有许多冰川位于松散的沉积物上,这些冰川可以通过对沉积物施力,使其发生位移,最终带动冰川移动。这是冰川移动的主要方法之一,但直到20世纪70年代末才被提出。冰川移动的方式主要取决于冰和冰床是否接近熔点,而熔点则受温度和压力影响。在正常的大气压力下,桌面上的冰块会融化,水会在0℃时结冰。然而,在冰川的高压下,临界温度可能会更低,所以水会保持液态,而冰会融化,只是熔点比0℃低一些。冰川下的压力可能会随地理位置和时间的变化而变化。冰层厚度

宇航员2011年从国际空间站拍摄的塔吉克斯坦费琴科冰川

水流通过冰面上一个很大的洞口流淌至冰岛南部索尔海姆冰川底部

第二章 冰川的形成

的变化也改变了冰层将地热从冰床传导出去的能力，因此，较厚的冰川往往比较薄的冰川更能保持地表的温度。冰川的大小和形状可以对冰川运动产生巨大的影响，反之亦然。

在最后一个冰河时期覆盖了北美大部分地区的劳伦特冰原经历了一系列被称为"放纵般清洗震荡"的过程，这足以说明这些影响的严重性。数千年来，劳伦特冰原

加龙省岛的喷泉冰川中的水可以沿着复杂的路径越过表面、穿过内部并汇集在冰川底部

39

在一些冰川的底部，冰床的碎片会被夹带到冰川中，形成一个富含碎冰片的基底冰层，例如图中位于西格陵兰岛的拉塞尔冰川

第二章 冰川的形成

主要通过冰床滑动来移动，并以相当典型的"冰川速度"移动。然而每隔大约 7000 年，冰层似乎逐渐变薄，部分冰床开始融化，冰川下曾冻结的沉积物开始移动。冰川下沉积物的变形通常使得冰川移动得比滑动快，因此冰原加速位移。移动速度加快让冰川有点像受热的太妃糖，冰层变得更薄更向外延伸，其边缘也因此迅速扩展。被称为"冰碛石"的碎石脊，在冰原急速前进过程中被推高再倾倒在冰的边缘，它标志着在这一过程中冰层延伸触及的位置。

碎冰流经哈德逊湾和哈德逊海峡，如战舰般驶入北大西洋。当冰川漂过海洋时，逐渐倾泻此前在加拿大

加龙省岛上的喷泉冰川，它的冰层含有大量碎冰片

冰 川

阿拉斯加弗兰格尔的圣埃利亚斯国家公园内一名徒步旅行者沿着冰川碎石脊行走

各地裹挟的碎石残片。在过去的几十年里，从海床上钻出的沉积物芯包括一层又一层的冰川碎片，它们通常被称为"海因里希层"，这对研究气候变化历史有重要作用。每次冰原向外延伸时会释出冰，冰层变得很薄，冰床的压力和温度降低，冰床表面失去流动性。当流动性恢复到正常滑动水平，冰的运动速度减慢，流向大西洋的大量冰川停滞，冰层中心再次逐渐变厚。随着时间流逝，最终中心的冰层达到足够厚度，基底解冻再次开始，另一个冰床变形、冰川前进和冰川产生的周期开始了。

南极冰原是否会受到类似的极端波动影响，这些波动是否由当前全球变暖引起,以及它们会产生什么样的气候影响,目前还没有定论。类似的周期性变化,即所谓的涌动,小规模发生在许多冰川上。但有些冰川偶尔会移动得更快,移动速度可达到每小时几米。涌动的机制可能基于冰川下沉积物的变形,就像劳伦特冰原突进式的震荡,但规模较小;或者基于冰下融水隧道的开启和关闭。最著名的冰川涌动的例子之一是阿拉斯加的杂色冰川。

在20世纪,人们已经注意到定期出现的冰川涌浪,于是推测出下一次涌浪发生在80年代初。大量科研力量投到测量和监测1982年和1983年的冰川涌浪中,试图找出可能导致它们的原因。人们发现,当冰层达到临界厚度时,底部的融水隧道就会关闭,被困其中的水在压力作用下向上使冰川上抬,部分脱离冰床,摩擦力减少,这样就会快速流动。快速流动导致冰川变薄,恢复正常的排水,并有一段正常的流动期,同时冰川慢慢恢复到激增前的厚度,这个过程不断重复。

由于冰原的大小和形状随着时间的推移而变化,它的运动方向和对地貌的影响也会发生变化。以前冰川的流动方向可以根据它们在基岩上留下的划痕、沟槽和山脊,或在软质沉积物中形成的痕迹来重建。对加拿大数万平方千米古代岩石表面的研究揭示,这些线性特征的复杂重叠模式说明在不同时期冰的流动模式不同。由冰

育空地区克鲁恩国家公园的洛厄尔冰川。冰川表面的深色条纹是"中间冰碛",是冰川运送碎石的痕迹。山谷一侧突出的"冰川边缘线"(植被生长限制线)显示了冰川厚度的减少

基岩上的条纹、沟槽和其他痕迹表明冰层曾经过现在的雷尼尔山国家公园

层底部拖动的碎片在基岩上留下的条纹状细小沟槽，是一系列不同地貌中最小的、可用于推测古代冰川存在和活动的证据。对现今正不断产生这些地貌的冰川进行研究，我们能够解释许多这样的地貌。例如，格陵兰岛或冰岛的冰缘冰碛就是一个完整且活生生的案例，我们能够研究古冰原在冰川早已消失的地区留下的古冰碛。

然而，我们无法看到那些正成形于冰层下的地貌。其中最神秘的是鼓丘，这种圆形的小山是颇具争议的地貌类型。争议主要围绕鼓丘的成因。一方认为鼓丘是由巨大的冰川融化产生的"巨型洪水"导致的。这些融水侵蚀冰下的地面，侵蚀后留下的就是鼓丘。另一方认为鼓丘是冰川底部融化，冰层运送的碎石不断堆积形成的。还有越来越多的人在鼓丘的成因上达成了共识。虽然需

第二章　冰川的形成

要具体问题具体分析，但广受支持的鼓丘成因是冰川下沉积物的变形，例如前面提到的，当冰川底部融化，冰床更具流动性，冰能够更轻易地在变形的冰下碎片层移动。

卫星图像显示鼓丘经常大量或成群出现。许多线性特征，如细长的鼓丘群、大量的沟槽和山脊，都与冰流的运动轨迹有关。如今南极洲和格陵兰岛冰原上的主要冰流包括流入南极洲罗斯冰架的冰流和西格陵兰岛的雅各布港冰川冰流。最后一块英国爱尔兰冰原的西南部有一条冰流，这解释了为什么这片冰叶能够向南延伸到斯基利群岛，而冰原南缘的其他部分却终止于更北地区。

由冰川侵蚀形成的山谷往往具有 U 形交叉剖面特征，正如蒙大拿州冰川国家公园的麦克唐纳湖谷

在这幅德国南部拉德拉赫鼓丘的航拍图中,鼓丘高地上房屋的分布清楚地显示出这些冰川山丘特有的流线型特征,其钝端指向上游,与冰雪运动的方向相反

　　鼓丘的独特魅力令人着迷。它成群结队,令人印象深刻,但这不仅仅是因为壮观。更大的冰川地貌,如U形谷、金字塔形山峰、峡湾和由这些地貌组合而成的景观,可以说是世界上最壮观的景观之一。美国加州的优胜美地山谷、瑞士的马特洪峰和新西兰的米尔福德峡湾都是冰川活动创造的壮美景观。联合国教科文组织认定瑞士阿尔卑斯山的少女峰阿莱奇为世界文化遗产,获选的原因是它壮丽的冰川景观。特别是这些景观在欧洲艺术和文学以及旅游中发挥着重要作用。对于大多数人来说,冰川吸引人的是它壮丽的景色而不是科学知识。即便是一些科学家,他们也是出于对户外活动、探险或壮

观风景的喜爱而开始科学研究的。但科学和风景是相通的。科学只是看风景的一种方式,对于艺术家、经济学家或游客而言,对风景背后的科学的基本理解,更有助于欣赏冰川的美。物理学家理查德·费曼有句名言,科学知识远不会破坏我们对自然的欣赏,它只会增加大自然的神秘感,让我们在观赏时更兴奋,并更加敬畏大自然。详尽的自然规律和真实的现象之间往往存在着巨大的差距。例如,如果你从远处观察冰川,看到大石块落入海中,或是冰在移动等,其实没有必要记起雪花是由六角形的小冰晶组成。然而,如果理解得足够好,就会

瑞士的马特洪峰

阿莱奇冰山

明白对冰川运动是六角形冰晶这一特性的结果。但要了解冰川的所有特性需要相当长的时间（事实上，目前还没有人对冰足够了解，无论他们对晶体的研究有多少）。不过如果我们真的了解冰晶，最终我们就能理解冰川。

第三章　冰河世纪：冰川的到来与消逝

地球的历史是以气候的反复变化为标志的，从几百万年间地球有一些冰川，到几百万年间地球没有冰川的转变。我们越是仔细观察冰川的历史，就越能理解它何时增长、何时衰减。我们对最近的"冰河时代"的描述相当详细，它已经持续了几百万年，并且仍在继续。在过去的几百年里，我们有绘画、文字和照片以及岩石和冰本身作为这一时期存在的佐证。相比之下，我们对近30亿年前发生在太古代的冰川运动的描述仅基于一些细碎的地质证据，相当粗略。冰原每次拓展其疆域都会侵蚀和破坏以前留下的大部分地质证据，这使得我们很难重建冰川运动之前的历史，并迫使地质学家在寻找不易察觉的线索时更需要创造力。随着环境重建新技术的发展，我们的知识也在增长。在19世纪40年代，地质学家们对是否有过冰河世纪进行了激烈争论。到20世纪初，人们普遍认为已经有四个冰期。20世纪70年代，深海沉积物和极地冰盖采集到的新证据使我们认识到，仅在过去160万年里就存在16次明显的转变。地球大约有

冰　川

位于美国弗吉尼亚州的新元古代的古冰川沉积物，距今约7.5亿年，保存为玄武岩（受压力或温度影响的石化物）

45亿年的历史，冰川期和间冰期交替的历史一直在这个巨大的时间跨度中延续。

10亿年前的早期冰河世纪

地球历史上最初的10亿年被称为"哈迪安"，那时留下的地质记录很少。哈迪安时期形成了地球的第一个地壳岩层，它是由熔融表面慢慢冷却形成的。最古老的冰山运动迹象现存南非，那里的岩石是大约29亿年前的"太古代"的冰山沉积物。纵观太阳系的历史，那时的太阳向外释放的能量明显低于现在。在那个年轻且不甚强烈的太阳照射下，对冰川和非冰川条件之间变化最简单的解释就是大气中二氧化碳和甲烷等温室气体含量的变化。当这些气体的浓度相对较高时，地球表面保持温暖；当浓度较低时，温度将下降，地表被冰雪冻结。这些气体的含量随着年轻地表的变化、海洋和陆地关系的变化而变化。例如，岩石表面暴露在空气中为岩石的风化创造了第一个机会，而风化可以从大气中吸收二氧化碳并将其困在岩石中。二氧化碳与雨水结合形成弱碳酸，弱碳酸落到地面上，腐蚀矿物，并产生副产物碳酸盐岩。这个过程基本锁住了大气中的原始二氧化碳。除去大气层中的二氧化碳会使大气层中的甲烷产生连锁反应，它更有可能凝结成云，作为温室气体的有效性将会降低，这也减少了能够到达地球表面的太阳辐射量。有人认为，在地球早期历史中，上述过程可能导致大气中温室气体的消耗，足以促成大约29亿年前的冰川运动，也就是我们在地质记录中看到的证明第一个冰川运动的时间点。能证明下一个冰川期的证据更多一些，这个时期在大约23亿年前。北美、非洲和澳大利亚的冰山沉积物可以看作证据。随着地球早期大气的演变，其氧气含量在25亿年前明显增加。这在很大程度上是由于早

从南极洲爱国者山营地的冰原表面取出的冰芯中提取的一片冰片

期生物通过光合作用产生了氧气。最初,它们产生的氧气被环境中的铁吸收了,因此没有进入大气层,而是造就了地质记录中突出的带状铁矿构造。然而,从大约 25 亿年前开始,可用的铁已基本耗尽,由光合作用产生的氧气不再被禁锢在岩石中,而是被释放到大气中。大约从 23 亿年前开始,大气中的氧气消除了大部分甲烷产生的影响。因此,大气的温室效应减缓,冰川运动再一次开始。

之后,超过 10 亿年的时间(有时被称为"无聊的 10 亿年")地球气候变暖,这有据可循,地球上没有冰川。直到大约 7.5 亿年前,地球再次变冷,人们有明确的证据

巴芬岛上的巴恩斯冰盖被认为是冰河时代劳伦特冰原上幸存的残冰

表明地球存在广泛的冰川活动。冰川一直延伸到海平面,甚至在热带地区也是如此。一些人认为,冰层覆盖面是如此之广,以至于整个地球都能被冻结。这就是"雪球地球"假说:陆地都被冰雪覆盖,海洋都被冻住。全球平均温度为 $-50\ ℃$,即使在赤道地区也约为 $-20\ ℃$。"雪球地球"可能是由于失控的反照率导致的:随着冰川的延伸,地球表面会反射更多的阳光,这使得地球不断冷却,形成更大规模的冰川运动;紧接着,光的反射率继续提高,地球愈发寒冷,冰川活动延长,直到整个地球被冰雪覆盖。

另一种假说是,名为罗迪尼亚的超级大陆分裂产生

澳大利亚南部阿德莱德以南的一座山谷在二叠纪时期的冰川运动沉积的这块含有花岗岩碎屑的泥土

了许多新的大陆,这些大陆的边缘地质层富含有机碳使大气中的二氧化碳减少,弱化温室效应并冷却地球。"雪球地球"的冰冻封锁可能由于火山活动而结束。火山活动改变了温室气体成分和含量,同时火山灰覆盖在冰雪上,降低了地球表面的反射率。并非所有人都接受"雪球地球"这种假说,更不用说相信它是事实了。于是出现了一个替代模型"雪球地球"来解释地质证据。在这个模型中,寒冷的地球上仍有未冻结的海面。对于低纬度冰川与无冰极地地区的成因还有一种解释:地球轴线的极端倾斜,两极和热带地区之间的太阳加热平衡被扭转。冰川地质学这一有争议且令人兴奋的领域突出了冰、岩石、海洋和大气之间的相互联系。

之后,又出现了另一个漫长的较温暖的无冰期,这个时期持续了1亿多年。然后当我们进入更熟悉的地幔

澳大利亚南部阿德莱德南部的塞尔温岩,以最早记录它的地质学家的名字命名,显示了大约2.7亿年前二叠纪时期由冰雕刻的沟槽和条纹

柱部分，在奥陶纪晚期、志留纪、泥盆纪、石炭纪和二叠纪，我们都能发现冰川存在的证据。从间冰期到冰河期的过渡似乎是由大气中的二氧化碳含量由高到低控制，同时受植物物种进化（特别是约3亿年前的石炭纪寒冷期）或由地质事件引起的岩石风化驱使。

5000万年前

新生代开始时，即6500万年前，世界是无冰的。但从大约5000万年前起，地球经历了长期且明显的冷却期。关于此次温度降低的原因，有一个理论同样提到了大气中二氧化碳的减少。这一次二氧化碳含量降低是因淡水蕨类植物红萍在北极地区的大量繁殖造成的。这种植物能吸收很多二氧化碳。整个北极地区的化石层中保留了众多花冠，表明这种植物在大约80万年的时间里大量生长，并将吸收的二氧化碳封锁在海洋沉积物中，而不是将其返还至空气中。这对碳循环造成了实质性干扰，足以开启新一轮的冰河时代。非冰川期向冰川期过渡的第一批地质证据出现在5000万到3000万年前。

大约2500万年前，澳大利亚与南极洲分开，极地附近的寒冷洋流将南部大陆与更多温暖的赤道洋流隔离开来。同时，南极洲位于极地，这意味着冰雪可以在陆地上堆积，逐渐形成厚厚的冰层；而如果极地的气候是海洋性的，则不可能出现这种情况。到大约1400万年前，

第三章 冰河世纪：冰川的到来与消逝

火山口内形成的新冰山——美国圣海伦山

南极洲的冰原已经完全建立起来。大约在300万年前，位于巴拿马地峡的南北美洲之间原有的缺口闭合，导致北半球的洋流发生变化，这给北极地区带来更多的水分，从而给北半球带来更多的降雪。到240万年前，北半球和南半球都出现了大量的冰层。

过去的300万年

有证据表明，在300万到150万年前的某个时间点，气候系统和冰川历史发生了巨大变化。虽然人们对于发

61

生变化的确切时间仍有争议,但现在通常将其定在 260 万年前。这一变化可能是由两极冰盖形成而引发的气候反馈导致的,也可能是由海洋、大陆和山脉的特殊构造以及它们影响大气环流的方式造成的。但从那时起,气候系统开始发生更频繁和大幅度的波动,并将继续如此。在过去的 260 万年里,冰川产生和消亡的频率和强度似乎大大增加。冰川历史上将这种变化视为最近一次地质时期的开始,这就是"第四纪"。第四纪冰期在自然景观上留下了清晰印记,深海沉积物体现的也是第四纪冰期冰川的形成与衰退的历史,人们谈论的"冰河时代",通常指的也是第四纪冰期。研究较早的冰川期可能更多的是地质学家们的事,但对于普通人来说多了解第四纪冰期也是一件有趣的事。那时形成的冰川正是我们现在看到的冰川。正如我们对 40 亿年来冰川变化的描述逐渐清晰一样,我们对第四纪冰期更多的、更细节的了解也随着研究变得更加丰富。上一个冰川活动周期大约从 11.5 万年前开始,并在大约 7.5 万年前达到鼎盛。这一时期的气候波动似乎深受地球轨道特征的影响,如地轴的方向和倾斜角度以及绕日轨道的精确形状。这些参数的周期性变化频率约为 2.6 万年、4.1 万年和 10 万年,它们似乎对整个第四纪冰期起着主要的制约作用,因此也通常被称为冰期的"起搏器"。

这些天文周期被称为"米兰科维奇周期",它以为发展该理论做出巨大贡献的科学家的名字命名。一系列的

第三章　冰河世纪：冰川的到来与消逝

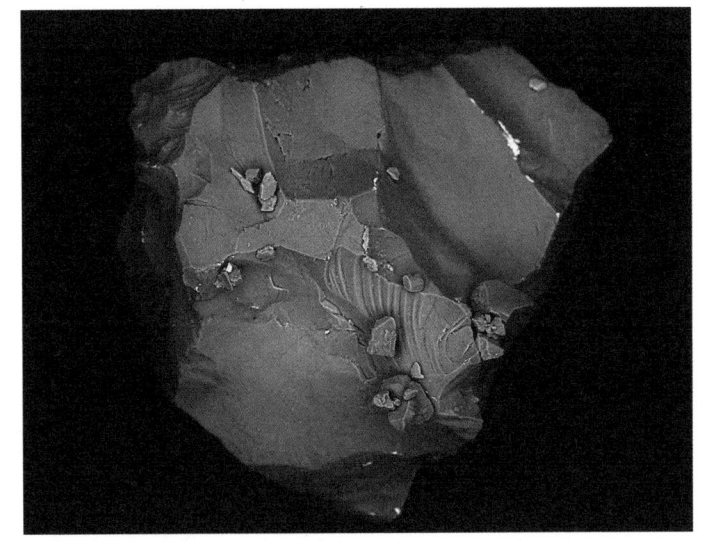

通过电子显微镜看到的一粒直径约为200微米的石英，它来自加龙省岛的福泉冰川的基底冰层。该颗粒的断面明显是冰川运输导致的

气候高峰和低谷都出现在1.8万至2.5万年前的最后冰川期。气候记录中的这些高峰和低谷都被赋予了名称和标签。如"海洋同位素阶段"与全球标记的冰芯或海洋沉积物体现的海洋或大气化学历史有关。其他标签或与地质记录中更本土化的、更有辨识度的标记有关，或与已知的冰原延伸到的地点有关。比如大约11.5万年前以来的冰河期在英国被称为"德文期"，在欧洲被称为"维克塞尔期"，在北美被称为"威斯康星期"。在此之前的间冰期被称为"伊普斯维奇间冰期""伊米亚间冰期""桑加蒙间冰期"，这几个名字的选取取决于人们住在哪里。在有全球参照物的前提下，保留当地的名称和系统或许看起来很奇怪。但问题是，并不是所有地方的冰层都在同一时间开始消融衰退。北美威斯康星和欧洲维克塞尔的冰川前进扩张与消融衰退的时间并不完全一致，也不一

定与海洋同位素划分的阶段相吻合。由此可见，并不是看到的细节越多就越有助于我们理解。在大约 2 万年前的冰期，格陵兰岛和南极洲的冰原（今天仍然存在）比现在更大，而且在其他地方包括北美和北欧也存在冰原。那时，地球上大约三分之一的陆地被冰雪覆盖，冰的总体积是今天的 3 倍。从大约 2 万年前开始，冰川开始消融衰退，尽管它们周期性地会重新前进扩张。位于英国的冰川在大约 1.1 万年前大张旗鼓地卷土重来，这一时期因不同人的立场被称为"新仙女木期"、"末盛冰期"或"罗蒙湖亚冰期"，而这次"进发"也是它们的最后一次狂欢。冰原在大约 1 万年前从英国消失，在 9000 年前从俄罗斯北部消失，在 8000 年前从斯堪的纳维亚半岛消失，而北美落基山脉的科迪勒兰冰原在大约 1 万年前就消失了。覆盖加拿大和美国北部大部分地区的劳伦泰德

冰川运送这块白垩纪时期的巨石来到法国里昂南部，这块本不该出现在这里的巨石为人们了解冰河时代的历史和此前的冰川运动提供了线索

第三章 冰河世纪：冰川的到来与消逝

冰原是所有冰原中最大的，尽管冰原曾重新前进扩张并在后期冰量激增，它还是逐渐后退、分化，到大约 7000 年前消失。劳伦特冰原的残片仍然存在：巴芬岛上的冰盖就是这个冰原的残余，而埋在加拿大北极地区永久冻土下的一些冰块可能作为它的遗迹留存在那里。从 1 万年前开始，我们进入了地质历史的最近阶段，即"全新世"，从短期来看，这大概是"后冰川期"，但从长期来看，它只是持续的冰期中的一个间冰期。南北半球仍有

新西兰弗朗兹约瑟夫冰川

冰原，高纬度地区有广袤的冰川，即使在赤道地区也有高海拔的冰山。在过去的1万年中，冰川的分布不断变化，在陆地冰川和海洋及湖泊都留下了它们兴盛和衰退的证据。即便是人类存在后，地球上也发生了大规模的冰川运动。中世纪时气候相对温暖，许多冰川衰退了。这时维京人定居格陵兰岛并开始耕作，而温暖期后就是持续了几百年的寒冷期，被称为"小冰河期"。维京人的定居点没有留存下来。冰碛被视为世界各地许多冰山的最新前进点，随后它们又从那里退去。小冰河期塑造了今天冰山的典型形象，人们通常会看到侧冰碛、冰山后的堰塞湖、山坡上能体现过去冰山位置的标记以及一些冰。很难说这些缩小的冰山未来会怎样，但就本部分所关注的时间范围而言，我们仍然生活在一个冰期，只是它相对平缓。没人知道现在是冰期的中期还是已经接近尾声，也没人知道接下来会发生什么。整个地球目前所经历的只是漫长、重复、复杂且不断持续的故事的一部分。

第四章 冰川科学简史

简史通常将冰川科学分为1840年之前和1840年及以后两个时期。1840年之前，人们对冰川了解很少；而1840年，瑞士科学家刘易斯·阿加西用地球冰川的史话启迪了世人。这种解释虽然过度简化，但冰川科学确实在19世纪进入了现代阶段。在19世纪初，人们对冰川知之甚少，更没有认识到冰川曾有过多大的范围。到1900年，经过一个世纪关于科学的争论，人们理解了大部分支撑现代冰川科学的基本观点，冰川理论之一冰原在大冰期时覆盖各大陆也被广泛接受。这是一场具有重大意义的科学革命和范式转变。

19世纪30年代，查尔斯·达尔文对北威尔士的伊德沃尔山谷和苏格兰罗伊河谷的"平行滩列"进行了地质考察，那里有许多仿佛被锐物切割后排列在山坡上的水平阶地。达尔文没有考虑到这一景观可能是由冰川造成的，他认为是海洋创造了这些水平阶地。接着，1840年，达尔文听到了刘易斯·阿加西的观点，冰川曾经覆盖了世界上许多现在已经没有冰的地方。事实上，伊德

刘易斯·阿加西的肖像照,约翰·亚当斯·惠普尔约摄于1860年。阿加西在19世纪为"冰河时代"的研究做出了巨大贡献

沃尔山谷的地貌主要是由冰川造成的,而罗伊河谷的水平阶地其实是冰川堵塞山谷形成的堰塞湖经年累月留下的湖岸线。达尔文后来把他以前关于水平阶地的结论称为"巨大的失误",在重新到访伊德沃尔山谷并确认冰川作用留下的证据之后,他承认,"这个山谷所呈现出的一切说明了它的成因,这比房子失火被烧毁还直白"。

今天，冰川是我们对气候变化和星球未来生命预测的核心，尽管冰川科学在过去 200 年中发生了变化，但一些核心思想仍然保持不变。2011 年，联合国教科文组织出版了一份词汇表，定义了 400 多个在冰川研究中使用的术语，当然也包括"冰川"这个词，有记载显示 1332 年它第一次在法语中使用。汇编词汇表的小组主席格雷厄姆·科格利指出，"冰川"一词在英语中最早使用是在 1744 年，它具有我们在 21 世纪定义一个事物需要的所有要素，包括承认冰川不是静止的冰块，而是可以移动的。这个词的第一部分，"glac-"来自拉丁语中的"冰"，而后缀"-ier"表示携带或提供某种东西的意思，所以冰川从字面上看是一个冰的运送者。冰川是将冰（和其他东西）从一个地方转移到另一个地方的移动载体，这一概念体现了现代人对冰川的核心理解。地质学家经常将冰川描述为侵蚀岩石碎片的传送带，而了解冰川运动和岩石碎片运输是研究冰川景观的核心。

早期冰川科学和信仰

冰川在传统文化中拥有突出地位。北欧神话中，宇宙始于火与冰之间的善恶冲突。冰岛传说中有一个冰的王国，原始冰巨人用自己的血液——融化的冰，引发了灾难性的洪水。对于大多数人来说，冰川环境仍然是神秘的。人们对冰川知之甚少，部分原因是冰川很难触达。

于是，人们从既往经验中寻找依据来解释周遭尚不被理解的事物。那些不了解冰川但知道挪亚洪水故事和经历过实际洪水的人，把洪水视作造成冰川主要景观特征的原因。1650年，詹姆斯·厄谢尔发表了一份年表，计算出地球的诞生时间在公元前4004年。这说明地球的年龄约6000岁，在此期间，传统故事或历史记录都曾出现可能改变地貌的重大事件。所谓的冲积理论在19世纪早期的地球科学中占主导地位，即挪亚洪水是造成现代景观

1980年，阿拉斯加的哥伦比亚冰川。这条冰川是潮水型（以海为终点）冰川，从楚加奇山脉一路延伸到威廉王子湾

的主要原因。冲积理论大行其道，部分原因是历史上找不到冰期曾发生的记录，尽管在冰川地区人们的日常生活经验清楚地表明了冰川的作用。

18世纪40年代，挪威的尼加斯布尔冰川向耕地推进，摧毁了房屋。失去土地的农民写信给国王，要求国家承认他们土地的损失并降低赋税。根据当地部长的记录，1742年8月至1743年8月，冰川向前移动了60米，而且宽度不断增加，摧毁了房屋。对于生活在冰川区的人们来说，冰川的进退倾向以及在不同时期覆盖不同的土地并不是什么秘密。

19世纪：一场缓慢的（冰川）科学革命

在1840年，刘易斯·阿加西向世人提出了他的"冰川理论"，但他提出的观点曾出现在几十年的几组独立的观察中。这是一场科学思维的革命，但它漫长而缓慢。18世纪时，瑞士工程师皮埃尔·马泰尔描述了被扩张的阿尔卑斯冰川带入山谷的岩石，而伯尔尼哈德·弗里德里希·库恩则讲述以前的冰川如何改变现在已没有冰的地区的景观。1795年，詹姆斯·哈顿指出，阿尔卑斯山的冰川曾经范围非常广，现在人们可以在汝拉山的石灰石基岩上找到那些被冰川运送的花岗岩巨石。1824年，埃斯马克根据冰川地貌和沉积物的分布，提出了大陆冰川运动理论。同样的想法也明显体现在德国林业教授阿尔布雷希特·莱因哈德·伯尔尼哈迪的论著中。他在1832年提出，来自北方的"巨大的冰海"是造成北欧平原地貌的原因。他提到了其他观察者的发现，包括挪威的埃斯马克以及身处欧洲其他地方的约翰·豪斯曼和弗朗茨·约瑟夫·修基。这些成果不再是孤独的研究者孤立的观察，而是由持续的观察结果与理论不断深化的系统。德国植物学家卡尔·弗里德里希·辛普尔在1835—1836年的讲座中提及冰川运动，并在1837年提出了"冰河时代"一词。19世纪20年代，在爱丁堡，罗伯特·詹姆森在演讲中提到了冰盖向外扩展的可能性。詹姆斯·福布斯在1827—1828年参加了詹姆森的讲座，他的笔记显示詹姆森提出了苏格兰曾经有过冰川的证据。维尼茨、雷诺阿、卡朋特……我们能在冰川科学的历史中看到一长串人的名字。他们在1840年之前就意识到并报告了冰川广泛分布并在景观中留下痕迹的证据。然而，这些关于冰川的科学讨论仍然不算主流，科学界并没有采纳这些观点，大众更是无从知晓。在接下来的1840年，有一个人将这些观点汇集成了颇具说服力的故事，并大力宣传，这个人就是刘易斯·阿加西。

阿加西认为，只有冰川作用理论（过去冰川曾广泛分布）才能解释人们在自然景观中观察到的许多特征。同年，他出版了两卷本的《冰川研究》，还前往格拉斯哥参加英国科学促进会的会议。在这次访问中，他与英国地质学家一起游览了苏格兰，他们发现了令人信服的、广泛的冰川作用的证据。突然，50年来不断丰富的冰川科学相关理论进入主流科学视角。也正是在1840年，冰川和冰河时代成为大新闻。人们第一次认真地看待冰川，科学界开始将冰川视为全球系统的主要组成部分。在阿加西之后，查尔斯·达尔文同样采用了这一理论。詹姆斯·克罗尔在研究气候变化的天文理论时受到这一理论的启发。这一理论在科学界引起轰动，并作为科学和文化领域的核心知识而广为采用。

对冰川理论的接受并不是立即的，也不是没有人反对。几十年来，关于冰川与传统的冰山和洪水机制改变景观方面的辩论一直在继续。争论的焦点之一是散落在自然景观中的"天外来客"——巨石是如何出现在它们本不该出现的地方。例如，花岗岩巨石出现在石灰石基

阿拉斯加的哥伦比亚冰川现在是一个壮观的、证明冰川快速衰退的标志。1909年，在拍摄这张照片时，冰川边缘的部分区域正在向森林进发

索普维斯创作的地质学家威廉·巴克兰的画像。巴克兰拿着古代冰川的地图,走在由巨大冰川作用留下划痕的地上。一块鹅卵石上标记着很久以前的冰川划痕,而另一块鹅卵石上的痕迹来自前天经过的马车的车辐辘

第四章 冰川科学简史

岩区域,这令人不解。在 19 世纪的最后几年,冰川学家们为了系统性地对这些怪石进行调查,成立了英格兰西北巨石委员会,这也是冰川学家协会的起源。《冰川学家杂志》第一版写道,"赫尔的地质学家组织了一个巨石委员会,类似于约克郡自然主义者联盟任命的委员会。该委员会在过去几年里做了十分有价值的工作"。在 1839 年至 1855 年的一系列文章中,查尔斯·达尔文认为不同地方的冰川巨石是由四处漂浮的冰山带来的。这一观点也许与他在研究过程中的观察有关。1833 年在搭乘"贝格尔"号航行期间,达尔文考查了火地岛巨石。直到 2009 年,现代冰川学家才找到证据,推翻了达尔文的冰山理论,证明火地岛的"达尔文巨石"实际上是由冰川

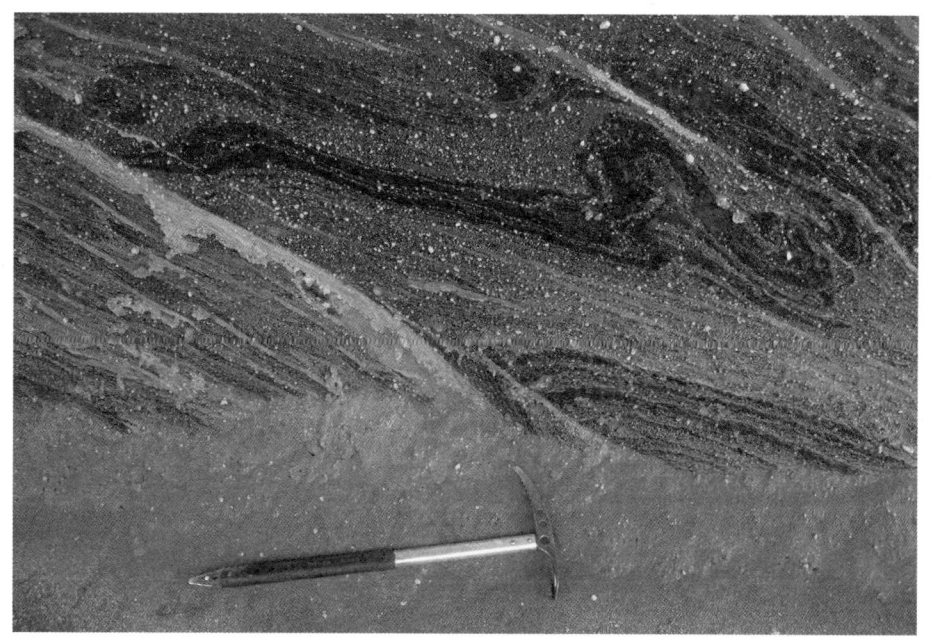

这张靠近冰岛斯塔夫卡冰川底部的冰和碎片的特写图说明了基底冰层内的各种变形结构。这些结构有助于冰川学家研究冰是如何运作的以及冰川是如何与它们下面的地面互动的

运输并沉积下来的。

有些争论需要很长时间才能解决。19世纪的另一个大争论是，冰是否可以通过侵蚀坚硬的岩石来开凿山谷。自然学家约翰·罗斯金在1863年皇家学会的一次演讲中说，"冰川没法挖东西……它也不可能让地表凹陷……"即使在19世纪末，T.G.博内在《地理杂志》上还提出冰川不是非常有效的侵蚀媒介，肯定比不了山洪。

一些科学家努力摆脱大洪水的旧观念，但科学理论的缺乏使他们很难取得进展以解释一些难题，如他们不知道气候变化可以引发冰川的扩张或退缩。好在这一理论差距在19世纪下半叶开始缩小。1864年，詹姆斯·克罗尔根据地球围绕太阳运行的轨道周期性变化的天文计算结果，提出了冰期理论。詹姆斯·盖基在综合世界各地的数据后，借鉴了詹姆斯·克罗尔的研究成果，并于1874年出版了里程碑式的著作《大冰期》。此书宣称过去归因于洪水或冰山的沉积物实际上是冰川运动的结果。至此，冰川理论确立了稳固的地位，关于冰川发展、环境和地貌的科学发现速度加快。1903年，地质学家G.K.吉尔伯特在他关于1899年哈里曼对阿拉斯加的考察报告中写道，"人们对阿拉斯加冰川的了解正急速增加，所以总结现有知识只具有短暂的价值"。

在19世纪和20世纪，冰川的科学发现与地理发现和探险密切相关，这只是因为世界上的许多冰川位于尚未被开发的地区。20世纪初的南极探险往往被描述成

"争夺极地",但 1901—1904 年英国国家南极"发现"探险队的科学顾问 J.W. 格雷戈里为探险队制定了具体的冰川学研究目标,包括研究冰晶学以帮助阐释冰川作用。1901 年《探险队南极手册》中有指导人们如何进行冰川学观察的内容。格雷戈里还特别将现代冰川研究与了解过去的冰期如何影响欧洲的自然景观这一目标联系起来。

认为 1840 年标志着无知和启蒙之间决裂得干脆利落的想法显然是过于简单了——科学发展不会这样。革命需要时间,而反革命者总会出现。不过,19 世纪末,冰川科学的许多方面开始变得和现在一样。

20 世纪:细节、范式转变和再创造

20 世纪初的冰川学家如果穿越到未来,会发现 21 世纪初的冰川科学中有许多他们熟悉的内容。1994 年,冰川学家刘易斯·利布特里指出,现代冰川学家所知道的冰川侵蚀过程早在 1900 年就已经确定了。W.L. 罗杰斯在 1888 年写道:"理解冰川最大的问题是弄清楚重力和热量如何控制冰川流动。"

一个世纪后,在回顾冰川学现状时,理查德·艾利称那难以捉摸的冰川"流动规律"是冰川科学的圣杯。然而,这种连续性只是冰川科学的一部分。新技术的出现推动了冰川科学的进步,比如摄影的发展就给冰川科学研究带来巨大影响。G.K. 吉尔伯特在 1903 年关

于 1899 年哈里曼阿拉斯加考察的报告中写道:"摄影作品提供了独特的视角以便我们对冰川大小的变化进行研究。"得益于摄影技术,人们对冰雪世界的理解丰富了许多,而其他新技术在那时还没能做到。2012 年,美国地球物理学会举办了一次会议,会议题为"通过技术创新增进对冰川科学的了解"。到了今天,冰川学家经常将遥感、激光雷达、照相测量、延时摄影、GPS、地震监测、海洋地球物理学等技术与知识应用在冰川和冰川进程的监测、记录和可视化上。现代技术不仅帮助人们更清晰地观察冰川,还全面开辟了在 19 世纪不可能有的研究途径。例如冰芯技术,在阿加西时代科学家们只能进行浅层钻探,而现在他们可以下探到南极冰原 4000 米的厚度取得冰芯。新的测年技术使我们能够确定冰川中不同冰层对应的年龄,将其与冰层保存的大气成分记录联系起来,并重建翔实的环境变化历史。宇宙核素分析允许对冰川地貌本身进行测算,因此我们越来越能对冰川范围和地貌演变进行更准确的测算重建。地球物理技术使得对冰川和冰川沉积物进行快速和性价比高的地表下调查成为可能。冰川学家现在使用的是卫星数据、地面穿透雷达和质谱仪,而在以前他们可能用的是冰斧、绳索和铁锹。新型问题的出现驱使这些技术的发展,而技术的进步则促进了这些问题的解决。冰川学家越来越多地将他们的注意力转向冰川系统与海洋、大气和人类系统在不断变化的气候中的联系。然而从某种程度来说,历史

第四章 冰川科学简史

这张由挪威斯瓦尔巴群岛和冰海勘探研究所于1907年拍摄的照片,展现了探险家阿道夫·胡尔(右)在斯瓦尔巴群岛国王湾的利利霍克冰川时的景象。他后来创建了挪威极地研究所,并担任所长

的进步不是一蹴而就的。在新技术和长期经验的帮助下,科学家们还在不断重复旧问题。有时,即使在现代科学中,知识也会遗失或被遗忘。对科学史的研究应该有助于防止科学家们重复发现一些被遗忘了的、其实早已存在的问题解决方案。但在冰川学中,有一些科学研究与发现不断重复的例子,它们十分引人入胜。科学家们发现了什么,将它写出来了……而这些知识又被遗忘,仅隔了一代,同样的问题再度被提出。

2001年,《地质学家协会议事录》收录了一篇论文,作者将这篇论文称为"首次全面描述和解释暴露在英格兰西部威勒尔半岛瑟斯塔斯顿悬崖断面的更新世冰川沉

2009年夏天,一架运输机将科学家送上格陵兰岛冰原的高空,以便他们在北格陵兰岛艾姆冰钻的冰芯项目中工作

积物"。它甚至提到早在1860年就发表了的英国冰川文献,并以此设定历史背景。然而,它忽略了那个时代的一个特殊出版物——《冰川学家杂志》。1895年发表在《冰川学家杂志》上的一个不起眼的说明,就是对这些沉积物的详细研究成果。相隔一个世纪,这两篇论文都是为了解决有关冰川沉积物的相同问题。两者的研究对象都是被称为"冰碛"或"混杂陆源沉积物"或"冰砾泥"的冰川沉积物,1895年的研究与2001年的研究小组使用的证据也基本相同。

令人欣慰的是,在科学领域,人们可以在百年后对同一问题进行独立的重新研究,并获得同样的结果。不过令人惊讶的是,维多利亚时代的科学家可以得出与21

第四章 冰川科学简史

克里斯·福格威尔拿着一个冰芯。这个冰芯是用科瓦克斯冰芯仪从南极洲埃尔斯沃斯山脉靠近冰原表面的古冰上提取的

世纪科学家相同的结论,而他们的工作却被遗忘。

1895年和2001年关于瑟斯塔斯顿沉积山丘研究发现的一个巨大区别是,2001年它被明确认定为"变形山丘",是由于冰原下面的沉积物被上面的冰块作用引发变形后形成的。这种冰川运动和沉积山丘的形成机制在1895年没有被提及,因为当时没有人知道冰川以这种方

威勒尔瑟斯塔斯顿的冰川沉积物的一部分。不同年代的研究人员对其进行了详细研究与讨论，包括当地狗的比例

式运动。直到 20 世纪 70 年代人们才提出冰川运动的方式，这被誉为冰川科学的一个范式转变。冰川学家以前认为，冰川的运动是靠滑过它们覆盖的地面或内部变形。一旦新范式出现，大家明显发现一个事实：现在和以前面积很大的冰原不是坐落在坚硬的基岩上，而是位于柔软的沉积物上。在随后的几十年里，冰川下层变形的概念被应用于解决冰川学和地貌学问题，其中包括冰流异常快速流动背后的机制、周期性冰层涌动的原因以及鼓山的起源。因此，虽然冰川科学的许多基础知识在 20 世纪初就已经形成了，但那个时候人们看到的不仅仅是知识的简单巩固。它见证了一些实质性的技术、理论和实

践的进步。但是，到 20 世纪结束时，冰川科学仍然面临着巨大的问题或重大挑战。

21 世纪的大问题

地理学家大卫·苏格登在 2006 年回顾该主题的状况时写道："在过去 40 年左右的时间里，冰川研究有着鼓舞人心的进展，但仍然存在令人惊讶的知识鸿沟。"苏格登列出了一些巨大的挑战，包括如何进行跨学科合作、测绘技术分辨率存在限制因素、冰层建模的理论和经验基础不足以及冰川系统（如北大西洋海洋循环和西南极冰盖的组成部分）有待进一步研究。21 世纪的冰川学家们正在提出更宏观的问题，他们需要详细的数据和复杂

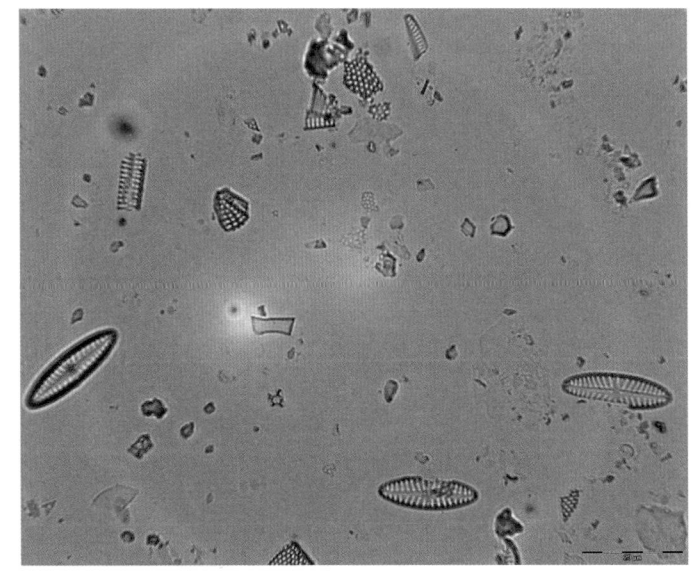

因为活体硅藻具有特定的环境耐受性，所以可以根据化石中的硅藻（例如湖泊或海洋沉积物中的硅藻）了解过去的环境情况。这张显微镜图像显示了只有几百分之一毫米长的硅藻

的理论支撑来寻找答案。

一些宏大的问题很像是150年前的人们就关心过的那些：在历史的不同时期，冰川延伸到哪里；那些以前的冰川事件与气候变化有什么关系；根据它们留下的地貌，如何解释过去的冰川形态和运动规律。不过，今天的冰川学家们也着眼于未来：如何预估和测量冰川对气候变化的反应；人们仍需要关注冰川运动、质量平衡和波动机制以预测未来冰川作用会带来什么影响；南极冰盖底部的水流增加会有什么影响；如果浮动冰架消失，冰层的移动速度会发生什么变化；南极冰盖会不会崩塌，最终对全球海平面产生灾难性的影响。

要回答这些问题需要对冰川力学有一个基本的、详细的了解，同时对冰川运动进行详细的监测。我们需要消融桩以及数字模型，即使一些类似消融桩的工作现在可能由机载或卫星远程测量来完成。还有很多关于冰川的事我们完全不知道，甚至连它们的基本地理状况也难以捉摸。冰川无论是在地面还是在太空都很难测量，而且它们在不断变化。2012年，第一份完整的格陵兰岛冰川清单出版了，这份冰川目录在公布之前就已经过时，因为它依据的是1999年至2002年获取到的大部分卫星数据。冰川学界认识到数据的非即时性是一个严重的问题。受国际气候变化专门委员会的报告程序影响，伦道夫冰川清单展示了一个全球完整的冰川概览清单。它细节仍有缺憾，也同样存在数据更新不及时的问题，但这

第四章 冰川科学简史

一架"水獭"号飞机参与对阿拉斯加冰川的调查。此次调查是美国国家航空航天局"冰桥行动"的一部分,该行动旨在弥补2010年"冰卫星1号"退役和2018年"冰卫星2号"发射之间的极地观测数据空白

是很大的进步,也表明基础数据的重要性。

通常来说,卫星数据提供了地球表面一切事物明确且详尽的图片,而它在冰川面前似乎束手无策。山区的积雪和云层使得冰川很难被看清楚,加上冰川经年累月不断变换着位置,人们对冰川未来会如何行进变化又一次陷入迷茫。一些模型表明,一旦冰川减少到一定水平以下,即使气候恢复到工业化前的条件,它们也不会回来;而另一些模型则表明,如果气候变化停止,冰川的

收缩衰退是可逆的。然而我们真的不知道究竟会怎样。

冰川科学传统上由"大科学"主导,因为大规模的冰川学研究需要后勤支持和大量的资金。像国际冰冻圈科学协会这样的组织和美国国家航空航天局的"冰、云和陆地海拔卫星"任务这样的行动都表明冰川学研究需要持续制度化。科学家们经常把冰川学称为"多元的、有争议的"学科,委婉礼貌地表达研究中存在着许多争论,他们也会与持有不同想法的科学家持续辩论下去。冰川学研究领域中有数学家、地质学家、地理学家、物理学家和许多其他学科的科学家。

难怪他们有时需要尽力维持一个共同观点。尽管如此,科学家们仍会延续一个基本的科学传统,他们会从冰和景观体现的史实中挖掘之前没能发现的东西。1857

2018年6月18日,在加利福尼亚州范登堡空军基地,技术人员在美国国家航空航天局的"冰、云和陆地海拔卫星2号"计划发射前使用安装的高级地形激光测高系统工作

第四章　冰川科学简史

冰中气泡的化学成分和冰本身的化学成分，能提供很多信息，帮助人们了解过去当雪开始汇集成冰时的大气成分以及自那时起这个过程对它的影响

年，亨利·沃兹沃斯·朗费罗为庆祝刘易斯·阿加西50岁生日写了一首诗，其中包括这些指向上述传统的诗句："大自然这位老母亲把人类之子放在她的膝盖上说道，'这是天父为你写的故事书。来吧，和我一起漫游到人迹罕至之地，去看看那些天父手稿中还没揭示的内容'。"

第五章　冰川与全球环境系统

冰川是复杂的、相互关联的全球环境系统的一部分。它的存在基于特定的气候条件，并与大气环流、水文循环、大陆位置、山脉高度、地轴倾斜度和许多其他因素有关系。其中任何一个因素的变化都会影响冰川的出现、特征和表现，而且它们一直在变化。

是什么让冰川前进或后退？冰川反映环境变化的最直接方式是在几天到几百万年的扩张和收缩，这些波动反映了通过积累过程（如降雪）向冰川提供的冰量和通过消融过程（如融化）使冰山损失的冰量。这种质量平衡主要与气候有关。如果累积的冰比损耗的多，冰川就会增长，反之亦然。

冰川边缘是指冰川上层提供的冰量随着冰向前移动而最终消融消失的位置。即使不是长期变化，许多冰川边缘每年也会随着边缘附近的季节性消融而出现变动。在夏季，冰的融化超过了它的向前运动，边缘退缩。在冬季，冰的融化率低，它的向前运动速度超过了融化速度，因此边缘前进。在更长的时间范围内，更多冰川后退或前进事

第五章 冰川与全球环境系统

件都反映了消融或积聚的变化。积聚变化波动是存在着时间差的，冰川高处的积聚变化发生的时间与边缘产生反应之间可能有着很长的时间延迟，因为变化产生的影响是从冰山顶慢慢向下的。相比之下，由边缘的局部消融引起的变化会即刻生效。因此，边缘附近的冰雪消融变化和更高处的冰山消融与积聚的历史变化产生了联合反应，其影响就体现在冰川边缘位置的改变。因此，我们很难将冰山的前进或后退与特定的个别气候事件直接联系起来，呈现在我们眼前的是综合反应的产物。

气候不是影响冰川波动的唯一因素。有时，距离很

1846年，约翰·埃姆斯利的一件雕刻作品

近且处于同一气候体系的冰川，会在不同作用力下产生反应，导致它们的运动千差万别。例如，在涌流型冰川中，冰川床摩擦力的周期性变化会导致冰的运动速度突然改变。当冰的运动速度加快时，它可以在融化前进一步进入消融区，因此冰川的边缘就会向前推进。这种前进与气候无关，而是完全受冰川的内部动态过程控制的。边缘漂浮在水中的冰川运动方式也与陆地上的冰川不同。随着冰量的变化，陆地末端的冰川或前进或后退，其消融区也随之变化，直到冰的损耗量与冰的累积量相平衡。浮动冰川，例如在峡湾中的冰川，因为冰裂冰解而失去冰量。它们的能量不在于它们的大小，而在于它们漂浮在水中的深度和峡湾边缘的宽度。因此，如果浮动的冰

这两张地球资源卫星图像显示了从南巴塔哥尼亚冰原东侧流出的厄普萨拉冰川。第一张（左）是在1985年1月获得的；第二张（右）是在2017年2月获得的

川开始前进或后退,那么直到它以适合的速率撞击到峡湾边缘并冰解,它都不会停止。

即使气候出现一些小波动,也会使冰川边缘向前或向后推移,于是冰川也随之出现与气候变化不相称的前进或后退。因此,根据浮动冰川的退缩或前进来推断气候变化是有风险的。即使在一个变暖的世界里,大多数冰川在退缩,但系统的复杂性决定了在一些特定情况下,冰川可能有悖于全球大趋势而向前扩张。为了能够像阅读分类账目那样,通过冰川运动清晰明了地看到环境的发展变化,我们需要意识到冰川和全球环境关系间存在一些复杂性。

挪威布利斯达冰河,摄于1869年

挪威布利斯达冰河,摄于 2013 年

反馈和复杂性

  冰川受气候、海洋环流、大气成分和许多其他环境因素的影响，但这些环境因素也反过来受冰川影响。环境系统的典型特征是，事物总在相互影响，系统的每个组成部分的任何变化都会反馈在带来影响的事物上。例如，全球气候的变化导致冰盖扩大，也提高了地球表面的整体反射率（反照率）。增加的反射率转而使地球反射（而不是吸收）更多的太阳能量，天气因此变得更加凉爽。接着，冰川会扩张，反射率进一步增强，温度则持续下降。这个过程形成了正反馈，放大了原本的气候冷却效果。相反，高纬度地区的洋流（如湾流）变暖可能会加剧格陵兰岛的冰雪融化。但这些寒冷的、低盐度的水被释放到北大西洋，可能会影响海流，从而减少向北流动的暖流带来的影响。这个过程是一个负反馈，它抑制了高纬度地区的变暖，遏制由最初的气候变暖造成的冰川融化。

  气候、海流与冰川之间的多向关系以及随之产生的各种反馈，使科学家们预测环境变化变得十分困难，也说明难以描述的自然系统有多么复杂。在这样的前提下，信心满满地解释这个系统更是难上加难，这一点清楚地体现在以下的报告摘录中。该报告基于科学家们对被称为北大西洋波动的气候现象如何影响不同地方的冰川质量平衡的建模结果：在斯堪的纳维亚半岛西南部，冬季降水促成了冰川质量平衡与北大西洋波动的相关性。而在斯堪的纳维亚半岛北部，寒季以外的温度异常导致北大西洋波动与冰川质量平衡负相关。

在阿尔卑斯山西部，气温和冬季降水异常导致冰川质量平衡与北大西洋波动呈微弱负相关；而在阿尔卑斯山东部，冬季降水和气温异常带来的影响几乎互相抵消；只有在南部，冰川质量平衡与北大西洋波动之间的关系更近似于负相关。

冰川和海平面

如果要讨论未来环境的变化，最受关注的环境关系之一无疑是冰川和海平面的关系。冰川，特别是世界上大冰原的生长和衰落与全球海平面的下降和上升密切相关。冰川是全球水文循环的一部分。水从海洋和陆地蒸发，在大气中流动，主要以雨或雪的形式返回地表，并通过河流或地下水回到海洋。冰川是大气和海洋之间运输系统的一部分，也是储存淡水的地方。粗略来说，平均到全球，水流经河道需要大约10天就能回归大海；而由冰川回归到海洋则平均需要1万年。由此可见，冰川使水暂时脱离循环系统，延迟它返回海洋的时间。当冰川扩张，大陆上存在大冰层时，大量的水无法回到海洋。当这些冰层融化，这些水又返回到海洋中。

布吕克纳和海姆冰川流入格陵兰岛东南部的约翰彼得森峡湾

目前,大约有 2600 万立方千米的水被困在冰川中,其中绝大部分在南极洲的冰原上。这相当于约 65 米深的水分布海洋中,这也是为什么人们担心气候变化和冰原融化的原因之一。在大约 2 万年前,最后一个冰期达到高峰,北美和欧洲大陆出现冰原,冰川的冰量相当于散布于全球海洋、深达 197 米的水量,而那时的海平面比今天低 10 多米。在冰河时代结束时,约有三分之二的冰融化并回归大海。随着冰川在数千年内逐渐融化衰退,

海平面也逐渐上升，估计每年升高 40～50 毫米。

然而，海平面的高度偶尔也会猛增。例如，被积聚在北美洲后撤的劳伦特冰原之后，属于奥吉布韦湖系统中的水突然流入大西洋，造成海平面升高了几十厘米。据称，大约 8200 年前，大量冰融水汇入北大西洋并带来了巨大的影响。它减缓了海洋环流，使全球大范围气候变冷。海平面的上升以及对后冰河时期气候带来的影响，人类都会体会到。

海平面的变化是由冰原的增长和衰退引起的，这个想法似乎很好理解。然而，总会有一些复杂的因素也一同产生作用，其中最重要的一个因素就是地壳均衡。几千米长的冰川坐在地壳上使地壳下沉，受到不同重量冰块的影响，地壳下沉的程度也不同。3000 米厚的冰层下的土地会缓慢下沉大约 1000 米。当冰块消失，地壳就会慢慢回升。地质学家经常用"反弹"来形容地壳回升的现象。但由于地壳隆起的速度与指甲的生长速度差不多，而且由于上个冰河时代结束时冰的消退，一部分地球表面每年会上升几毫米。用"反弹"这个词来描绘如此细微的地壳变化可能过于夸张了。上个冰期结束时，冰川融化并释放其储存的水，上涨的海水淹没了全球的海岸线。紧接着，曾有着厚厚冰层的陆地像上文提到的地壳均衡说那样缓慢回升。陆地逐渐抬升，海平面随之局部下降。

因此，海平面变化的历史在地理和历史层面都非常复杂。由于同一条海岸线的陆地可以以不同的高度和速度回升，原来位于同一高度的海岸会因地表翘起而发生改变。例如，苏格兰西海岸周围隆起的海滩，其西部比靠近前冰原厚实中心的地区隆起得少。芬兰南部海岸以每年约2毫米的速度上升，而更北的地区则以每年8毫米的速度上升。由于整个芬兰南部地区正逐渐向南倾斜，水慢慢地从湖泊中倾泻出来，并流向芬兰湾。

不同地区的隆起量取决于之前地壳的下沉量，而下沉量由当时位于地壳之上的冰块厚度决定。因此，我们可以根据不同的隆起率来推算以及重现冰盖的形状与厚度。地壳均衡下沉和隆起也影响到了海底。冰雪融化后，海盆中增加的100米深的水使海底逐渐凹陷几十米。因此，海底产生的凹陷会抵消由冰川融水涌入引起的海平面上升。反过来说，当水从海洋蒸发并通过自然循环储存在冰河时代的冰川中时，海底地壳会在漫长的时间内逐渐回弹，补偿最初海平面下降的高度。

洋流、大气构成和气候

冰川融水大量涌入海洋，不仅影响了海平面的高度，还会影响海水的成分和它在地球上的流动方式。热盐环流通常指因海洋中存在温度和盐度差异而产生的铅直环流。热盐环流有时被描述为一个全球传送带，调动地球上的海洋流动。表层洋流和深层洋流通常以相反的方向流动,当水在赤道附近被加热而在靠近两极的地方被冷却时,就会在地球上传递能量。在高纬度地区,从赤道流向极地的暖流更贴近海洋表面,在冷却过程中它们会向大气输送能量。随着水的冷却,洋流下沉并从海洋深处流回赤道。这些洋流对气候有重大影响。

大西洋经向翻转流是这个循环系统中的重要组成部分。其名称中的"经向"这个词,表明这些洋流在赤道和极地之间大致以南北方向的轴线运行。其名称中的"翻转"这个词,是指温暖的、向北流动的表层水在海洋深处冷却、下沉并向南回流的方式。大西洋经向翻转流在驱动整个全球系统方面起着重要作用,而且对于科学家来说研究它很有趣,因为似乎有个看不见的水阀能阻断或恢复这些水流。劳伦特冰原(已经消失)和格陵兰岛冰原(现在仍然存在)等冰原涌入北大西洋的寒冷、低盐度的融水量变化,会对环境产生很大的影响。一些人预测,在不久的将来,格陵兰岛冰原上流出的融水增加,可能会破坏环流,切断海湾暖流,导致北大西洋变冷,这将对北美洲东海岸和欧洲西海岸的气候产生巨大影响。

还有人认为这个过程已经发生了。海湾暖流的减弱解释了为什么北大西洋是世界上唯一违背全球变暖总体趋势的地区。冰川也可以通过其他不太直接的方式影响气候。例如,随着时间的推移,地球表面岩石风化量的变化可以导致大气中二氧化碳含量的变化,而风化量与冰川的进退密切相关。当冰川覆盖大量地面,特别是当冰川冻结在岩床时,岩石风化被抑制。但是,当冰川退去,通常会留下大量岩石碎片、淤泥、黏土以及水。就像一块被碾碎成更小颗粒的糖被放进热的液体(比如咖啡)中就会更快地溶解一样,被打成碎片的岩石暴露在融水和空气中的面积也变大了,这大大加快了它们的风化速度。当冰原衰退,裸露出来的土地将发生大量新的风化,而岩石的风化通常包括从大气中吸收二氧化碳后产生的化学反应。在大约1万年前的大冰原衰退期,风化作用增加了。当人们观测冰芯记录会发现,那时大气中的二氧化碳含量明显减少,而这也许就源于风化。冰川也可以通过影响火山喷发改变大气中二氧化碳的含量。人们认为,大规模的冰川运动抑制了火山活动,甚至当火山在厚厚的冰层下活动时,产生的气体也很难到达大气层。然而,随着冰原变薄、衰减,地壳运动释放的能量会引发火山活动,进而产生许多影响气候的大气气体和气溶胶。这些气候变化将再次影响冰川的扩张和退缩。

冰芯记录的古代环境

冰山与构成全球系统的其他部分的许多联系能在层层堆叠的冰中寻找到证据,人们可以从由冰山中钻取的冰芯中获取信息,并重建这些联系。19世纪40年代,冰川科学的先驱之一刘易斯·阿加西在瑞士钻取了长达60

第五章 冰川与全球环境系统

冰川系统将沉积物输送到海洋。摄于加拿大努纳武特地区巴芬岛东北海岸的山姆·福特峡湾

米的冰芯。随着技术的进步，科学家的不懈努力使取得越来越长的冰芯成为可能。到20世纪60年代，探险队从格陵兰岛和南极洲提取了数千米长、能从冰原表面直达冰床的冰芯。

穿越的冰层越深，钻取的冰芯越长，提取到的冰就越古老。冰主要由飘落在地表的雪层层堆叠而成。当新落下的雪覆盖掩埋陈雪，大气中的灰尘颗粒随之一同落下，雪花之间的空气层也被掩盖。每一层慢慢筑成冰山的雪都会把雪花、空气和尘埃封存到这个冰冷而厚重的时光胶囊之中。

冰川学家理查德·艾利写了本关于冰芯的书——《两

在格陵兰岛冰原高处的地表雪地上开凿的钻探沟。科学家们在这里开展栋树深钻作业,以提取上个间冰期的冰芯

英里的时间机器》。这个书名正好描述了冰芯是什么。观察冰芯的底部,我们看到数十万年前飘下的雪。一层一层的冰芯向我们完整展现了大气成分的变化,这源源不断的历史最早可追溯到史前时期。1783年,冰岛拉基火山喷发出的火山灰留下了一个突出的标志层,它被掩藏在冰层之中。同样的标记也出现在格陵兰岛和加拿大北

极地区钻取的冰芯上。秘鲁奎尔卡亚冰盖的冰芯中检测出的铅含量，显示哥伦布时代以前的印加人因冶炼而造成的铅污染。冰芯中铅含量的变化表明，在16世纪西班牙人扩大了采矿规模后，污染增加了；到了19世纪，由于经济不景气，污染减少了；但在20世纪，随着新矿的开辟和汽车开始燃烧含铅燃料，污染再次飙升。从格陵兰岛钻取的冰芯中可以发现2000年前因古罗马人冶炼金属而进入大气层的铅，检测结果表明那时大气层中的铅含量增加了5倍。

冰芯靠近地表的部分清楚体现了工业革命对环境带来的影响。放射性物质在20世纪中期飙升，证明那时核武器的研发与试验比较多。1986年发生的切尔诺贝利核泄漏事故也在冰层中留下了清晰的印记。冰山就像环境变化储藏室或全球记忆库，它与万物相连，帮助人们回溯所有信息。现存冰山中的古冰会告诉人们地球发生了怎样的变化，而冰山曾存在的地方留下的地质证据则显示漫长历史中气候的变化，如今冰山运动体现了在相互关联的全球环境大系统中正在发生着什么。关注冰川的理由有许多：它们就像环境变化版的"煤井里的金丝雀"——矿工会携带装在笼中的金丝雀以检测矿井中是否积聚了一氧化碳等致命气体，但如果它们如金丝雀般因预警危险而遭遇灭顶之灾，未来的人类环境将会受到进一步影响。

第六章　冰山经济学：风险与资源

有些冰山不再像过去那样人迹罕至，它们也因此在人们心目中变得比以前重要。那些位于冰山地区的高海拔政治边界的准确位置，例如欧洲阿尔卑斯山等，在没人能深入山区的时候基本上是概念性的。现在，随着卫星监控技术的发展、获取偏远地区资源的技术潜力增加，以及国际上围绕领土和资源的争端日益加剧，一些曾经鲜为人知的冰山正变得具有战略意义。尽管地图的精度和质量很高，意大利、法国和奥地利之间的地域争端仍然没有得到解决，部分原因是冰山本身的位置和范围会随时间而变化，这不稳定的天然屏障很难用来确定地域边界。意大利和奥地利之间的冰川发现了距今3000年前的冰人尸体，这两个国家无法就该尸体是在哪国边境内发现的达成一致。水资源在当今变得至关重要，越来越多的国家立法保护冰山，今后关于冰山边界的争端可能会更频繁。2010年，阿根廷提出保护冰川和冰川周围环境的最低标准制度，它也成为首批将冰川保护纳入法律的国家之一。

其他拥有冰川保护法的国家包括智利、哥伦比亚、厄瓜多尔、巴基斯坦、吉尔吉斯斯坦、瑞士和奥地利。2016年，詹妮弗·科克斯写了一篇关于加拿大冰山法律地位的文章。她得出的结论是，现有的环境法基本没有保护冰川。冰川需要法律层面的保护免受气候变化的间接影响以及采掘业的直接破坏。冰川已经成为我们社会和物理系统的一个重要组成部分。在吉尔吉斯斯坦的库穆托尔矿，从里斯和达维多夫冰川下开采黄金需要在冰面上挖一个坑，并将岩石废料倾倒在冰川表面。这项工作导致冰川流动机制的变化，并证明在寻找矿产资源的过程中，冰川可能被采矿作业完全破坏。

在世界的一些地方，人们一直生活在冰川附近。冰川以非常明显的方式影响着人们的生活。历史学家马克·凯里在描述南美洲人与冰川之间的关系时写道："秘鲁人承受着冰川融化时爆发出的愤怒，这是地球上其他人没有经历过的。"在秘鲁，自1941年以来有25000人死于布兰卡山脉的冰雪灾害。在欧洲，虽然死亡人数相对较少，但冰雪灾害十分普遍，带来的后果往往很严重。2003年，欧洲共同体的"冰雪灾害与风险防治"项目确定了欧洲206个"危险"冰山。这些冰川发生过冰崩、冰川洪水或其他危险事件。他们确定了721例因冰山灾害事故而死亡的记录，包括400多例冰山洪水导致的死亡和200多例雪崩导致的死亡。

冰川对人们的影响有好有坏。一个事物是危险来源还是资源，取决于你如何看待它。冰山融水对桥梁建筑师来说是个问题，但对水电工程师来说却是个好消息。危害能在多大程度上得到缓解，资源能在多大程度上得到开发，部分取决于我们的技术发展水平。随着时间的推移，曾经被视为危险的东西可以成为一种资源，反之亦然。人们曾经兴趣缺乏的事情在偏远地区逐渐发展起来后也会变得重要，因为人类比过去更易暴露在冰山灾害之中。阿拉斯加的海滨线湖是北美洲最大的定期排水的冰坝湖之一，水流横穿一个无人居住的荒野地区。现在，该地区建设了石油和天然气设施，铺设了道路、桥梁和电线，这里可以通向阿拉斯加最大的城市安克雷奇。冰山作为探险旅游资源，它的发展使越来越多的人接触

来自美国空军第304救援中队的救护人员在俄勒冈州胡德山的冰川练习生存和救援技能，为应对危险环境中的最坏情况做准备

到冰山环境，也更可能面临危险。每年约有 60 万游客参观新西兰的福克斯冰川和弗朗兹约瑟夫冰川。在发生了一系列死亡事件后，当地政府正在考虑是否应该采取措施限制或禁止公众进入冰山。这一系列事实说明，人们开始更认真地对待冰川。

危　害

有些危险，如被雪掩盖的裂缝，只会威胁到来到冰山区域的人。其他危险，如融水洪水、雪崩和泥石流，则远远超出了冰山的范围。因为冰山的边缘总在前进或后退，因此上述灾害都随着时间的推移而改变位置。冰山的位移会占据土地、破坏定居点、威胁供水、改变河流系统，并造成运输路线的中断。

1986 年，阿拉斯加哈伯德冰川前端推进，堵住了拉塞尔峡湾支流的出口。由于通往大海的出口被封锁，拉塞尔峡湾变成了一个冰封的湖泊。它不断变深，随着淡水增加，其盐度也发生变化，威胁着被困在峡湾的海洋生物。此外，堵塞的湖泊很可能会向南溢出，涌入西图克河，威胁雅库特机场。事实上，在湖水溢出之前，峡湾口的冰坝发生了变化，在 24 小时内释放了超过 5 立方千米的水入海。这相当于尼亚加拉大瀑布 35 倍的水量，是当时能观测到的最大的冰川洪水排放。

在 13 世纪到 19 世纪的小冰河时期，全球大部分地

格陵兰岛冰原边缘的一座定期排水的冰坝湖中的冰山

区普遍低温。许多冰川地区具有冰川大规模前进这一特征。现在基本无人居住的冰岛南部的布雷扎马库尔，冰层毗邻大海。冰岛早期到18世纪的记录描述了在不断前进的冰层下消失的林地和定居点。1660年繁荣的冰蚀高地定居点在1695年被遗弃，到1709年被冰封。在17世纪初的法国阿尔卑斯山勃朗峰地区，冰川侵占了大片土地，摧毁了农场和村庄。有人向税务部门提出申请，要求以土地损失为由给予税收减免。被波及的两个村庄沙特拉尔和博纳内最终被前进扩张的冰雪吞噬，现在人们可以经由一条旅游路线探访村庄曾经的所在地。

冰雪灾害的性质会随着时间而改变。1678年，瑞士费施和菲斯切塔尔的居民找到英诺森十一世，希望他为阻止阿莱奇冰山的前进而祈福。自1862年起，村民们开始每年游行来加强祈祷的效力。不过随着小冰河时代的结束，冰山开始后撤，环境的变化使山区内的冰山运动普遍下降。到2009年，瑞士费施和菲斯切塔尔的居民决定不再为制止冰山前进而祈祷。3个世纪以来，冰川已经后退了3.5千米。如果说现在还需要祈祷，那也是为了帮助冰山扩张以支持旅游业并保障供水。2012年游行的关键词改变了，祈祷词也完全颠覆了。现在的祈祷词呼吁拯救冰山，"冰即是水，水即是生命"。梵蒂冈还举办了一个名为"保护地球，提升人类尊严"的会议。

最具破坏性的冰雪灾害是冰崩。冰崩指的是冰山前端、位于陡峭斜坡上的冰崩裂脱离并坠落山下。最著名的冰崩发生在1980年的阿拉斯加伊利亚姆纳山，大约2000万立方米的冰从山上落下。冰崩带来实质性伤害的例子有很多。1597年，辛普隆山口附近的整个村庄被埋在冰雪之下；1965年，约1000万立方米的冰从瑞士的阿拉林奇山落下，造成山谷水电站的88名建造工人死亡。在设计可能处于冰崩路线上的水库时，必须注意确保大坝足以承受冰块落入水中形成的巨浪。在中国，冰封湖和冰碛湖的洪水被描述为最主要的冰雪灾害。

历史上最严重的两次冰崩都发生在秘鲁布兰卡山脉的最高峰瓦斯卡兰。1962年,约1000万立方米的冰从被称为"511号"的冰山约3000米处落下,坠入人口密集的山谷,导致4000人丧生。冰崩在8分钟内奔袭约16公里,厚约20米的冰雪夹杂着瓦砾将几个村庄和冉拉希卡镇掩埋,人们甚至能在下游约160千米的太平洋沿岸的圣塔河口发现尸体。同一座山的岩石和冰崩在1970年掩埋了几个村庄和永盖镇的大部分地区,造成2万多人死亡。

1985年哥伦比亚内瓦多的鲁伊斯火山喷发期间,大约10%的火山冰盖融化,融化的水与火山碎石融合在一起,形成火山岩浆泥石流,沿着火山外的通路流淌。泥石流以大约每小时30千米的速度抵达并吞没了阿尔梅罗镇,2万多人丧生。即使这场泥石流被预测到而且政府十分清楚它可能对阿尔梅罗镇的威胁,仍然有这么多人死亡。这一结果被认为是因为政府不愿背负过早撤离产生的费用而导致的。

许多火山的顶部覆盖着冰雪,这构成了很大的威胁。在1966年至1968年,阿拉斯加的里道特火山爆发,移除了漂流冰山上大约6000万立方米的冰,引发了一系列融水洪水,其中一次淹没了漂流河库克湾的石油码头。里道特火山在1989年和1990年再次爆发,超过1亿立方米的冰发生位移,石油码头只得进行疏散以减少引发的洪水所带来的损失。

第六章 冰山经济学：风险与资源

这张 1911 年拍摄的阿拉斯加基奈半岛上的一条铁路线显示了斯宾塞冰川融水洪水带来的影响

在冰岛语中，"jökulhlaup"的意思是由冰川运动引发的水位暴涨。1918 年冰岛的米达尔斯冰川发生融水洪水，其排放量相当于亚马孙河的 3 倍。1996 年 11 月 5 日在冰岛南部，斯凯达拉尔角冰川下火山爆发的融水迸发，以每秒约 4.5 万立方米的排水量冲走了冰岛国家环形公路的一段路和多座桥梁，冰岛总理表示 4 个小时的洪水使道路建设规划倒退了 30 年。

困扰秘鲁科迪勒布兰卡的灾难性洪水始于 20 世纪 30 年代，此前大约有两百年这里没有发生过洪灾。洪水开始出现是因为冰川在 20 世纪 20 年代开始衰退，衰退的冰山与冰碛之间出现了湖泊。随着湖泊被填满，冰碛不再稳定，发生溃堤。有时是因为水压，有时是因为冰块落入湖中溅起的波浪使水位超过临界点。

III

1941年，瓦拉兹镇被一场洪水摧毁，约5000人死亡。当地人马上开展行动：通过在冰碛上安装人工排水沟并开凿运河来减轻科迪勒布兰卡湖的压力，试图避免洪水再次发生。这些措施可以防止水坝决堤。诸如此类的方法还有很多。瑞士的吉特罗兹冰川从瓦尔-德-巴格纳的一个支流谷地前进，堵住了主山谷的出入口，分别在1549年、1595年和1818年形成了冰坝湖。1595年，湖水决堤，造成约500人死亡。1818年，湖泊再次形成。工程师们在坝上开凿了一条人工排水通道，在决堤前排出了大约三分之一的水。尽管如此，仍有50人在洪水中丧生。

1892年，冰下一个超过10万立方米的水窝从冰山中喷出，造成175人死亡。工程师们试图在岩石中钻出一条通向冰川床的隧道，将水从其他可能的水窝中排出，

1911年，工程师们在阿拉斯加基奈半岛上的斯宾塞冰川的冰鼻区域，建造一个大坝，以分流冰川的融水流

防止进一步的伤亡。2016 年，尼泊尔的工程师开始着手降低珠穆朗玛峰附近的伊姆贾湖的水位，因为它有可能突破冰碛坝。这项工程位于海拔约 5000 米的地方，可以说是世界上最高的减灾项目之一。

历史记录中任何一场洪水都无法与冰河时期末期大冰原融化时产生的洪水规模相比，其中最著名的是北美洲的米苏拉洪水和中亚的阿尔泰洪水。米苏拉洪灾发生时，积聚在劳伦蒂德冰原边缘的水反复溢出。水流在整个北美洲蔓延，刻画出壮丽的冰川运动景观——河道疤地。阿尔泰洪水则是由于阿尔泰山后的冰塞湖释放大量水形成的。

冰川的危害并不只在冰川本身。冰山不是冰川，而是从冰川上断裂或崩裂后进入水中的碎冰块。冰山威胁着航运、石油平台和海底设施（如管道和电缆）。每年有多达 2500 座冰山沿着冰山小径从格陵兰岛向南漂流到纽芬兰岛以东的大浅滩地区。1882 年至 1890 年，仅在该地区就有 54 艘远洋轮船因与冰山相撞而沉没或损坏。最著名的受害者就是泰坦尼克号，它于 1912 年沉没，1500 多人丧生。那次事件后，国际冰山巡逻队成立，负责监测北大西洋冰山的运动情况。通过轰炸或其他手段摧毁冰山很大程度上不会不成功，但有一种既定做法相对有效，那就是将冰山短距离拖走，避免它与石油钻井平台等设施相撞。大西洋拖船有限公司称自己是"冰山管理"领域的领导者，而"看管冰山"可能是"管理冰山"——

把冰山从一个地方拖走的非正式说法。1997年，第一个抵御冰山相撞的固定石油平台"海伯尼亚"在纽芬兰岛附近的大浅滩建立。海伯尼亚的设计可以抵御600万吨冰山的冲击，这是在它所处的80米的海面上预计能够到达的最大尺寸的冰山。

资　源

　　冰川有着威胁人类活动的长久历史，但也有着作为人类索取资源的悠久历史。在未来不断变化的环境中，人类可能会失去赖以生存的冰川资源，而这将是一个巨大的威胁。冰川冰最早作为制冷剂为人所用。人类使用冰川内的洞穴储存易腐物品，也会从冰川上切割冰自用或商用，在远离自然形成冰的地区保存和冷却食物。在冰箱发明之前，挪威向其他欧洲国家出口冰块，欧洲贵族厨房的冰屋原材料来自遥远的冰川。19世纪50年代，冰可以从阿拉斯加被运到加利福尼亚，智利南部的小冰山能被运到最北端的秘鲁用于制冷。尽管冰的买卖如今主要出现在秘鲁的布兰卡山和喀喇昆仑山的洪萨等地区，它们的规模很小而且仅在局部地区出现，但买卖冰的传统市场一直延续到今天。然而，与冰川在全球经济其他方面的作用相比，它的这些历史用途显得微不足道。冰川为人类提供丰富的水，而水是人类最基本的生存资源。冰川融水是世界上许多主要河流的源头，支撑着地球上一些人口最稠密地区的农耕者,并为大量大城市供水。许多干旱地区,包括塔尔沙漠和阿塔卡马沙漠,从邻近山区的冰川获得灌溉用水。喜马拉雅山脉的冰川融水是印度河和恒河等河流系统的主要贡献者。冰川作为水资源时有其独特的价值,因为在炎热干燥的气候下,它能产生最多的水。在玻利维亚首都拉巴斯,大约四分之一的旱季供水来自冰川融水。

科罗拉多州博尔德市大约 40% 的水源自阿拉帕霍冰川的集水处和由其供应的银湖水库。由此可见,逐渐失去冰川供水将是一个严重的问题。冰山由淡水组成,如果能将它们运送到需要水的地方,那么当地就可以获得潜在的水资源。在 20 世纪 70 年代,沙特阿拉伯的穆罕默德·费萨尔王子建立了冰山国际运输公司,并激励科学界研究如何利用好冰山。费萨尔王子的最终目标是将 1 亿吨的冰山从远在 1.45 万千米外的南极洲运到沙特阿拉伯。运输上的障碍使这个想法在 20 世纪没有实现,但当全球的环境变化威胁到了世界上许多富裕地区水资源安全时,一些组织仍在计划将冰山视为资源进行开发,这既是为了获得水资源,也是为了获取冰层融化时释放的巨大能量。更加实际的冰川发电技术已经投产,其中最重要的是利用冰川融水发电。与其他可再生能源如太阳能和风能相比,这种电能有一个特别的优势,那就是作为原材料的夏季融水可以储存在水库中,直到冬季对电力的需求大时在用于发电。理论上,在格陵兰岛等地,

冰 川

一架格陵兰航空公司的直升机正在接近位于格陵兰岛中部的卡马鲁尤克峡湾上方约 600 米的黑天使矿场入口

人们完全可以通过冰川融水产生的电能满足能源需求。在瑞士，冰川水力发电占该国电能产量的 50% 以上。

在瑞士的一个水利规划中，位于阿勒河发源地的奥伯拉尔冰川融水在 20 世纪 30 年代被切断，筑坝形成的人工湖从此成为日益复杂的水利工程系统的一部分。这个水力网络由 7 座大坝和长达 130 千米的输水管道组成，它们共同供应了瑞士 7% 的电力。

与利用冰川发电不同，有的人建议将冰川视为天然垃圾箱，用于长期储存放射性工业废料。这些废料需要在长达 25 万年的时间里远离生物圈，否则后果不堪设想。在 20 世纪 70 年代初，国际原子能机构讨论了将废料掩埋在冰层下的可能性。其中一个计划是将放射性废料熔化成玻璃，置于铅屏蔽容器中再埋入冰层。批评者们指出这个计划存在巨大的潜在危险：储存的物料必须难以取回，以防止潜在犯罪者将它们拿出来酿成大祸；但也不能太过难以取回，否则必要时无法回收。而要实现这一计划，人们需要发明一种方法阻止装有核废料的容器因冰层融化而露出，因为它们可能由于冰川运动被损坏并最终泄漏。20 世纪 80 年代的研究表明，上述方法没有一个是安全的。从那时起，国际安全和全球环境变化模式的发展都为这一结论提供了更多证据。与冰川运动有关的沙子和砾石矿藏藏在许多曾覆盖着冰川的地区，它们是主要的工业资源。仅在英国，建筑业每年就使用约 5000 万吨非海洋砂石，而冰川融水的沉积物在这些材料中占了很大一部分。这些砾石的分布反映了过去冰川的地理状况。

  这些冰川沉积物是构成人类社会自然景观的基础。由于沉积物不尽相同，而形成沉积的过程也大不一样，冰川沉积物非常易变，甚至在很短的距离内也是如此。由特定冰川过程产生的沉积物具有特定的工程特性。例如，沉积物可能是高度固结、带黏土和未分类的。它们通常难以挖掘，但具有良好的承载力和稳定性。相比之下，河流冰川材料可能不太牢固，容易被挖掘出来，但

恒河的主要源头之一

这张图片显示的是瑞士穆斯拉夫冰川滑雪缆车的建设场景

材料稳定性较差。在世界许多地方,了解冰川沉积物的岩土特性是建筑或环境工程项目的一个重要组成部分。

在过去的几百年里,冰川一直是旅行者满足审美趣味的来源。过去的 50 年里,滑雪变成了一种流行的度假

第六章　冰山经济学：风险与资源

活动，吸引了越来越多的人，也扩大了探险旅游的规模。美国和加拿大都有冰川国家公园，格陵兰岛和冰岛的旅游业在很大程度上是基于冰川景观。世界各地的国家公园要么依赖现在的冰川（例如阿拉斯加的冰川湾国家公

园），要么依靠古代冰川留下的景观（例如英国的湖区国家公园）。每年有50多万人参观新西兰的福克斯冰川和弗朗兹约瑟夫冰川。恒河源头的干戈特里冰川已经成为旅游胜地，人类活动被指责为加速冰川衰退。大量游客接近冰川带来了风险，但对当地经济来说，它可以带来商业机会。

在地球不确定的未来，环境变化可能会改变冰川和人类的互动方式。全球冰川衰退的时期已经到来，新的地区会面临冰川威胁。例如，类似由秘鲁的冰川衰退而形成的融水湖引发的问题，开始在不丹和尼泊尔等地重演，而获取冰川资源的模式也在改变。在落基山脉和安第斯山脉，为城市水库提供水源的冰川正在减少，走向毁灭；在阿尔卑斯山，为发电站提供能量的冰川融水越来越少，供应水库中融化中的冰山正离人类越来越遥远。但是，面对不断变化的挑战与机遇，我们处理这些问题的技术和指导我们行动的全球经济框架也在变化。可以预见的挑战是，人类对冰川系统会进行干预，冰川变化对经济和社会可能造成更极端的后果。

第七章　冰川艺术

艺术家威廉敏娜·巴恩斯·格雷厄姆在1948年访问了瑞士的格林德瓦尔德冰川，并拍摄了一系列照片。她对格林德瓦尔德冰川的印象体现在了照片中：（格林德瓦尔德）冰川不仅仅是体积大，奇特的形状更令人惊叹，凝聚在一起时的冰突显的张力与它本身透明脆弱的特性产生了强烈对比……原本只是（在太阳照射下）融化了薄薄一层，几天的时间就化成一个洞——像是被什么剪下后缺失了一面。它仿佛在呼吸！巴恩斯·格雷厄姆的反应与许多艺术观察者对冰川的理解相似：冰川巨大且势不可挡，同时又脆弱且短暂。冰川让人感动，但打动人的方式会随着时间的推移而改变。对于18世纪的浪漫主义者来说，冰川是令人畏惧且崇高的存在。对于21世纪的生态艺术家来说，冰川是即将遭受灭顶之灾的受害者。不过在特定主题下，不同时期各类媒体引用冰川时想表达的内核并没有发生变化。冰川依旧是巨大且势不可挡的，但同时，它也是短暂的。它坚不可摧，历史悠久，但它也时刻都在变化。游走于人类意识之外，冰川

冰 川

移动变化的速度之快就像游走于另一条时间线,它时刻提醒着人们自身的存在是多么渺小与短暂。冰川早于人类出现在地球上,并一直延续至今。退却了的冰层让本被掩盖的自然景观重见天日,一派欣欣向荣,而冰河时期就像一切的原点。在冰川的冰层和气泡间,包裹着那个纯净的过去最后幸存的遗迹,当这一切在我们眼前融化,冰川的环境脆弱性和人类对地球的威胁一览无余。威廉敏娜·巴恩斯·格雷厄姆并不是第一个被冰川宏大、梦幻、似有生命的特征吸引的欧洲艺术家。随着18世纪浪漫主义运动的兴起,到访欧洲阿尔卑斯山那充满野性的乡野后,艺术家们无疑在气势磅礴的冰川景观中品味

约1781年拍摄并展示的纸上手绘彩色蚀刻画——卡尔·哈克特的《阿尔维龙之源》在浪漫主义时期之前,许多关于冰川的绘画十分精确,于是它们被用来推演重建历史进程

第七章 冰川艺术

威廉·帕尔斯使用水彩和印度墨水绘于约 1770 年的作品《罗纳河冰川和罗纳河的源头》

到了那些独一无二的特征。有些艺术家比如卡尔·哈克特，在 1780 年左右的手绘蚀刻画《阿尔维龙之源》中，对这一主题的处理做了足够清晰和详细的刻画。人们可以从他的作品中找到冰川边缘的确切位置和特定岩石的地质特征。还有的人，例如菲利普·德·卢瑟堡在 1803 年的画作《阿尔卑斯山的雪崩》中表现的那样，冰川景观不是精确表达地质细节的记录，而是用于展现人类活动的背景板。

这是透纳和约翰·罗斯金等浪漫主义艺术家作品中反复出现的主题。罗斯金的一些冰川艺术作品，如他的《夏蒙尼山脉》草图，属于较早期的传统写实流派，追求视觉上准确无误地呈现被观察物，这与他研究建筑和自

125

然历史的背景相称。不过，罗斯金的绘画技法发生了变化，某种程度上是因为他学习了透纳的作品表现形式。他越来越多地用画笔来探索和记录自己对风景的情感反应，这些情绪反映在了他的冰川绘画作品中，如1863年创作的水彩画《冰川之月》。

2006年，艺术家乔治·罗利特开展了一个项目。他跟随罗斯金的脚步，到夏蒙尼进行绘画考察。罗利特的作品及其受欢迎的程度表明，长久存在的浪漫主义传统仍有受众。艺术不仅可以真实呈现一个场景，也能通过对场景的描绘来表达情感。罗利特的色彩、技艺和风格颇具21世纪的特色，但捕捉冰川景观闯入眼帘那一瞬间的美，与表达受这种景致影响而产生的情感，与透纳或罗斯金并无二致。

在19世纪和20世纪，欧洲的风景画风格传到了欧洲各殖民地。部分原因是欧洲艺术家如阿尔伯特·比尔施塔特、弗朗茨·比伯斯坦和约翰·费里移民到了新大陆。19世纪中期的北美，哈德逊河画派和落基山画派受到欧洲传统浪漫主义风景画的启发和激励，在作品的前景描绘人们的舒适生活，而背景则是山区荒野，以此赞颂人类战胜恶劣环境并在边远地区定居。两相比较，阿尔卑斯山在欧洲浪漫主义画家手中是极具危险的荒蛮之地，而落基山在比尔施塔特等艺术家的作品中则像是被人类文明进程战胜的、已无任何威胁的荒野。

荒野正在成为一种风景，成为不再为人类所畏惧的

第七章 冰川艺术

约翰·罗斯金,《阿格巴蒂尔》,1856年,水墨画

崇高事物。描绘荒野山峦的画大多是画在巨大的画布上的,它们为了纪念达成某些政治或社会目标如西进运动或建立国家公园而展出。约翰·费里在19世纪80年代搬到怀俄明州,因为人们对西部风景画日益增长的需求让他看到了商机。他在黄石公园、大提顿公园,特别是冰川国家公园大量作画。随后,他被委托为大北方铁路公司创作一系列大型画作,描绘沿线的风景来宣传他们的服务并装饰他们的车站。这标志着用冰川作为广告标识的开始。费里的风景画延续了用壮观、令人敬畏的山脉和冰川衬托文明世界的作画风格。在铁路广告画中,山脉和冰川通常坐落在车厢或酒店窗户外,乘客们能很舒适地坐在座位上欣赏风景。

冰 川

托马斯·费恩利，《格林德瓦尔德冰川》，布面油画，约1837年

类似的故事在其他地方也发生了。例如，有人认为，约翰·古利的新西兰水彩画给那些把他的画挂在墙上的殖民者灌输了一种认同感，并帮助来自英国维多利亚时代新定居的人欣赏与热爱新西兰那极具异国魅力的美。古利绘制的是鲜少有人类活动与居住迹象的巨大风景画。

到20世纪初，一些北美艺术家开始建立新的流派以摆脱欧洲传统，使艺术作品更具本土特色。加拿大的"七人小组"是20世纪20年代以劳伦·哈里斯和A.Y.杰克逊等艺术家为中心发展起来的流派，他们既关注民族

第七章 冰川艺术

主义艺术议题，也试图表现加拿大景观的独特性。他们遗留的作品存在争议。批评家迈克尔·瓦尔比谴责该团体制造的"满是谎言的神话"，认为明明长久以来人们以攫取经济利益为目的对环境造成了极大破坏，他们却粉饰这一事实并试图让世人相信加拿大的荒原未受破坏。他们的艺术塑造了加拿大人看待本国的方式，但批评者认为，艺术鼓励人们对自己周遭的环境怀抱一种错误的想象。以下一个关键案例很不幸地证明这种想象——至少基于官方的地理位置判定——存在明显的缺陷。1936年，加拿大国家美术馆购买了劳伦·哈里斯的一幅题为

赫尔曼·赫尔佐格，《山湖渔夫》，布面油画。赫尔佐格是移民到北美洲的大量欧洲艺术家之一

《格陵兰岛山脉》的画。颇为讽刺的是，考虑到艺术家的民族主义情绪和这幅画之后的使用目的，它被贴上错误的标签，以位于加拿大北极地区的加龙省岛为名存入仓库。1967年，加拿大发行了一套以加拿大艺术家绘制的、以加拿大风景为题材的邮票，这幅画被认为是加拿大的加龙省岛而印在了面值15分的邮票上。然而，它实际上是丹麦格陵兰岛的一个景点。

艺术与科学的结合：伟大远征

在摄影技术诞生前，大量以冰川为主题的艺术来自极地和山地探险的记录。1899年，美国铁路大亨爱德华·H.哈里曼成立了一个由艺术家和科学家组成的探险队，计划探索阿拉斯加的海岸线。这个团队包括曾两次担任美国地质学会主席的著名地质学家G.K.吉尔伯特，以及塞拉俱乐部的创始人、建立美国国家公园主要人物之一的自然学家约翰·穆尔。远征队的艺术家包括风景画家弗雷德里克·德伦鲍和R.斯温·吉福德，前者曾于1871年在由约翰·韦斯利·鲍威尔牵头的科罗拉多河探险行动中担任探险艺术家和地图制作助理。探险、艺术和科学在那时相互交织与融合。1899年哈里曼探险队还聘请了一位名叫爱德华·柯蒂斯的摄影师，他在探险期间拍摄了5000多张照片。吉尔伯特在科学报告的导言中写道，该探险队携带了大量相机，拍摄了大量冰川景观。自那时起到今天的每一次在冰川地区的探险大概都是这样。

也许最著名的早期冰川照片来自 1910—1913 年罗伯特·斯科特的特拉诺瓦南极探险队。赫伯特·庞廷作为专业摄影师南极探险,他在队内的正式头衔是"摄影艺术家",这是第一次有专业摄影师参与的冰川探险活动。探险队的首席科学家爱德华·威尔逊也是一位出色的艺术家。他的画作记录了探险队的科考工作,同时也描绘了极地的风景。他的风景画和素描非常精确地呈现了所见,配以注释或标题,准确交代了地点和时间。这样的风格体现出威尔逊所具备的科学家气质,同时他的画作也能唤起人们在看到广袤的极地荒野时的情绪与共鸣。例如,《1911 年 9 月 1 日下午 5 点 30 分在埃文斯角附近的博格山洞和埃里伯斯山》准确清晰地呈现了断裂冰层的纹理,《下方的裂缝》则生动地展现了科考队员在冰层缝隙间攀爬时面临的险境,而几乎不再注重刻画冰层的纹理。20 世纪摄影技术的出现让招募艺术家不再是考察队的硬性要求,但艺术家参与科学考察仍然具有广为认可的价值。在 2009 年之前的几年里,英国南极调查局主办了一个由艺术家和作家合作的计划,电影制作人、诗人、玻璃艺术家、风景画画家和作曲家在不同时期参与其中。

2005 年,阿根廷的南极组织建立了艺术家驻地。它从属于一个艺术和文化项目,旨在记录科学家在阿根廷南极基地的工作。许多类似的举措根源上是科学组织在进行文化推广,而还有一些则是纯粹的艺术行为。

其中最突出的是艺术家大卫·巴克兰为了促使文化和科学界应对气候变化威胁所做出的努力,他在2001年发起了一系列"告别角"探险活动。"告别角"明确提出了气候变化框架,证明当科学界研究与关注的事物发生变化时,艺术家们专注刻画的主题也会发生相应变化。维多利亚时期的艺术家如约翰·布雷特被与冰期有关的科学辩论吸引。1856年,布雷特来到瑞士阿尔卑斯山,随后的几年里,伦敦的泰特画廊和皇家学院展出了许多他在那时绘制的冰川画作。他的《罗森劳伊的冰川》展示了岩石丰富的细节,这幅画就像一个地质数据集,为当时关于漂砾和阿尔卑斯山冰川覆盖范围的辩论提供了论据。

艺术家从当代科学问题中获得灵感的传统在"告别角"系列探险活动中得以延续,但当维多利亚时期的浪漫主义者正在阐释冰河时代的概念时,21世纪的艺术家在尝试表达未来可能因环境变化而导致的损失和破坏。

现在冰川艺术最突出的特点在于,它是因对环境问题的关切而激发的一种艺术创作。其中一些源于对气候变化和冰川消融有着诸多感触的艺术家,而另一些则来自希望通过艺术而不是有着许多限制的科学渠道传达信息的科学家。科学与环境问题的结合往往会导向政治,

第七章 冰川艺术

鲁道夫·雷施莱特是一位慕尼黑艺术家，他因用超现实主义的手法呈现自然而闻名。这幅作品描绘了德国南部霍伦塔尔冰川的一部分。

最近大量的冰川艺术得益于环境政治组织的资助，它们是环境政治的艺术产物。

2011年，艺术家约翰·奎格利随绿色和平组织的破冰船"北极日出"号进行科学考察，在弗拉姆海峡融化中的海冰上创作了达·芬奇《维特鲁威人》的巨大复制品。绿色和平组织宣称，创造这幅作品是为了呼吁人们

133

冰　川

对气候变化采取紧急行动。

　　绿色和平组织探险队队长弗里达·本特松表示,这些作品意在突出北极地区正在发生的巨大变化,并说明"人类对化石燃料的依赖是如何使自然和人类之间的关系失去平衡的"这一问题。2010年,一个关于气候变化的全球艺术展由"350地球"倡议组织举办,"350"是大

米娅·白拉,《越来越暖》,2013年,丙烯酸颜料,帆布制。在这幅画中,艺术家加入暖色调以表示气候变暖和环境变化

气中能容纳的二氧化碳含量最高值的百万分之一。它计划创作可以从太空中看到的艺术作品,强调全球变暖的危害。

其中一幅作品展示了这样的画面:在冰岛的一座正衰退的冰川脚下,一只由大量红色应急帐篷勾勒出的巨大北极熊出现在冰面上。有关冰川的艺术活动引起了人们对全球变暖导致瑞士冰川缩小的关注。在一次活动中,600名志愿者脱掉衣服,赤身裸体地站在阿莱奇冰川上,这个震撼的场景被纽约艺术家斯宾塞·图尼科拍摄了下来。

当今的许多艺术家像在进行科学考察般记录冰川环境,他们在作品目录和网站上刊登艺术家声明,表明自己的作品与他们关注的科学事实及担忧的环境变化之间存在联系。根据艺术家吉尔·佩尔托的说法,艺术像是会说话的镜头,人们透过它关注环境问题并被激励着采取行动。佩尔托创作了一系列水彩画,其中涉及的科学数据,如冰川衰退速率,他整理这些数据并以山形或海浪般的曲线呈现出来。玛丽亚·科里尔·马丁称自己为"探险艺术家",她继承了艺术家作为自然学家和教育家的传统。马丁的画作描绘的是易受气候变化影响的极地和冰川地区,在这些地方,她常常与科学团队合作。她创作作品集的目的是将所见分享给人们并培养人们的环境意识。运用艺术手段提高人们环境保护的意识对环境和关注是当今冰川艺术家的一个共同主题。黛安娜·塔夫特这样形容她的作品,"记录不断变化的环境的美丽与脆弱"。由于全球变暖和臭氧消耗正在增加到达地球表面的紫外线和红外线的辐射量,她试图拍摄并记录这些射线在地球上留下的肉眼不可见的痕迹。塔蒂亚纳莉娜的"冰川消亡"系列绘画始于 2007 年,作品旨在让更多人意识到冰川正经历的威胁。消失的冰川对人类而言是一种"损失",这样的概念在整个冰川保护领域获得了广泛响应。为纪念冰川国家公园 100 岁生日而举办的落基山冰川绘画和摄影展被命名为"失去的遗产"。2012 年《有线》杂志刊登专题《最后的机会——地球上注定要毁灭的冰川摄影之旅》。文章提到了丹麦摄影师克劳斯·蒂曼与摄影师、科学家、网络开发人员和制图师合作,在冰川消失之前制作的各大洲的冰层记录。

在 21 世纪的艺术作品中,冰川代表着脆弱与失去。冰川艺术家以不同的方式呈现这种失去感。2007 年,罗尼·霍恩在冰岛斯蒂基思索尔穆尔镇的一个建筑中建造了高大的玻璃柱,将从冰岛 24 座冰川中收集的水装进玻璃柱中,打造了一个"水之图书馆"。在 2007 年的威尼斯艺术双年展上,声音艺术家卡莱·拉尔设立了可以与冰川"联系"的移动电话设备,打电话的人可以通过它听到冰川融化的声音。凯蒂·帕特森将冰川融水重新冰冻,制作成可播放的唱片并在原声唱机上播放,重现冰川融化的那个时刻。朱莉娅·卡尔菲在 2010 年展出"冰川的最后一首歌"时,将这种记录冰川融化声音的想法推广开来：她录制了一百多份在莱茵河下游很远很远的地方都能听到的声音样本（她称为"冰川融化之歌"）。加拿大艺术家琳达·朗的作品可以算得上是冰川艺术家参与环境活动的典型。朗是艺术家保护组织的签名会员，专门绘制讲述气候变化如何影响极地的作品。她还将加拿大艺术家在高纬度冰川地区工作的悠久传统延续至今，那幅绘于2011年的《加龙省岛的冰川形状》总让人想到劳伦·哈里斯的格陵兰岛画作——被错误地印在加拿大邮票上的作品。也许朗的这幅才是真正描绘加拿大加龙省岛的作品，更值得被印在邮票上。

艺术作为数据，数据作为艺术

艺术和科学之间的一些交集是最接近，也是最直接的。比如英国南极调查局的"数据即艺术"项目，重新定义数据的作用，用其他方式呈现科学数据，最终呈现出仅视觉上就令人印象深刻的数据艺术作品。相比之下，一些艺术家直白地表示他们的作品是科学成果的解毒剂或替代物，而不是用来解释科学发现的助手。艺术家伊丽莎白·杰克逊这样描述她的"冰川计划"（该计划专注于对冰川颜色的仔细研究）：

> "（我的项目是）对冰川进行视觉研究，而不是科学研究。我不是在重启或抗拒使用科学方法，而

冰 川

所谓的漂砾一直是许多艺术家的灵感来源,也是科学家的信息来源。鲁道夫·亨特兹,《沃尔德拉尔冰川上巨石》,1789—1791年,彩色水印

是在试图用另一种方式解读冰川。那是一种充满诗意的方式,那是科学在追求客观话术的过程中会被忽视的表达。"

有些艺术本身就是科学的一部分。现在许多冰川艺术家认为他们的工作是在冰川进一步退缩或完全消失之前记录冰川。虽然前几代冰川艺术家对冰川消失的问题不那么在意,但他们也把记录冰川的位置和特征当作一项事业。这些艺术家用画笔记录的年代远远早于摄影技

第七章 冰川艺术

术发明的年代,为很多没有任何详细科学监测的地方留存了宝贵的资料,这些都是今天科学家进行研究所需的重要数据。海因茨·祖布尔、威尔弗里德·哈伯利、迈克尔·赞普等科学家已经详细描述了如何依据古画和素描,重塑冰川进退的漫长历史。塞缪尔·努斯鲍默和海因茨·祖布尔在2012年的一篇论文中描述了如何通过分析图纸、绘画、印刷品、照片、地图以及书面材料来重构18世纪中期到19世纪60年代的博桑斯冰川历史,并特别提到了让-安托万·林克、塞缪尔·伯曼和尤金·维奥莱-勒-杜克的精美作品,冰川在19世纪的大推进和紧随其后的衰退景象跃然纸上。瑞士景观艺术家塞缪尔·伯曼画了许多以阿尔卑斯山系冰川为主题的作

约翰·辛格·萨金特,《埃斯梅尔的施莱克角》(摘自《辉煌的山地水彩画》素描本),1870年,水彩和石墨

✦ Alaska Views. ✦

BOUDOIR SIZE 5¼ X 8½ INCHES.

5001	Entrance to Wrangel Narrows.	5032	Face of Muir Glacier, from Steamer.	
5002	Frederick's Sound.	5033	" " " " from Steamer.	
5003	Steamer Landing, Fort Wrangel.	5034	" " " " from Steamer.	
5004	The Whale, "			
5005	Totem Poles (The Bear.) "	5035	Face of Muir Glacier, from Morain.	
5006	Totem Poles, "	5036	" " " " from Morain.	
5007	Totem Pole, "	5037	" " " " from Morain.	
5008	First Iceberg, Taku Inlet.	5038	" " " " from the top.	
5009	Davidson Glacier, "	5039	Crevasse in Muir Glacier.	
5010	Davidson Glacier, "	5040	" " " "	
5011	Davidson Glacier, "	5041	Top of the Muir Glacier.	
5012	Taku Glacier,	5042	Ice Peaks on Muir Glacier.	
5013	" " "	5043	Tourists on Muir Glacier.	
5014	" " "	5044	Glacier Bay, from Muir Glacier.	
5015	" "	5045	Muir Glacier and Bay.	
5016	" "	5046	" " " "	
5017	Tredwell Mine, Douglas Island.	5047	" " " "	
5018	From Deck of Steamer at Tredwell Mine.	5048	" " " "	
5019	Juneau, Alaska.	5049	Glacier Bay.	
5020	" " from deck of Steamer.	5050	" "	
5021	Auk Glacier, from the Steamer.	5051	" "	
5022	Pattison Glacier, " " "	5052	" "	
5023	Chilkoot Range.	5053	" "	
5024	Chilkaht Range.	5054	" "	
5025	Chilkaht Peaks.	5055	Sitka, Alaska, from the Steamer.	
5026	Pyramid Bay, Chilkaht Inlet.	5056	Sitka Harbor, " " "	
5027	Chilkaht, Alaska.	5057	Indian Avenue, Sitka.	
5028	Str. "Queen" in ice, Glacier Bay.	5058	Baranoff Castle, "	
5029	" " approaching Muir Glacier.	5059	Greek Church and Trading Store, Sitka.	
5030	" " at Muir Glacier.	5060	Ocean View from Sitka.	
5031	Face of Muir Glacier, from Steamer.			

PHOTOGRAPHED AND PUBLISHED BY

F. Jay Haynes & Bro., Official Photographers N.P.R.R.

392 Jackson St., Cor. 6th,

St. Paul, Minn.

YELLOWSTONE PARK AND NORTHERN PACIFIC VIEWS.

弗兰克·杰伊·海恩斯,《阿拉斯加冰川湾的自画像》,作于阿拉斯加,1889—1891年,玻璃底片的银版印刷

品,其中包括1820年时仍处向前拓展状态的瑞士下格林德瓦冰川。将他的照片与更早期的画作(如1774年卡斯珀·沃尔夫描绘的同一冰川正面的作品)、稍晚期的照片(如19世纪中期毕森兄弟拍摄的照片)以及今天观察到的情况进行比较,就能让我们看到一段对冰川历史极为详尽的记录。

重复摄影是记录过去一百多年来冰川消失的最引人注目的方式,它是一项刚好介于艺术与科学的技术,就像19世纪的探险艺术家们。一些声名远播的展览、电影和出版物都基于长期的摄影记录。国际山地综合发展中心举办了一个名为"变化中的风景"的展览,将20世纪50年代珠穆朗玛峰地区的照片与山地地理学家阿尔顿·拜尔斯在2007年从同一地点收集的照片相结合。该展览于2008年4月在珠穆朗玛峰大本营首次小规格亮相,是世界上海拔最高的摄影展。差不多同一时期,大卫·布雷斯建立了一个名为"冰川行动"的组织,它的使命是通过艺术、科学和探索来记录、教育并提高大众对喜马拉雅冰川变化的认识。冰川行动与亚洲协会联合举办了"冰河——大喜马拉雅地区消失的冰川"展览,该展览虽以重复摄影为基础,但也延伸为一项重要的监测和记录工作。大众不仅可以观赏展览,还可以通过电影和冰川行动的网站追踪冰川的变化。冰河是艺术与科学互动产生的新事物,在这个互动过程中,艺术与科学领域交织着多家大型受资助机构,其环境利益具有文化、政治和社会因素。同类型还有一个项目是由詹姆斯·巴洛格发起的"极端冰雪调查",它同样是这一时期开展的。巴洛格作为一名摄影记者和训练有素的地球科学家,跨越了艺术与科学的分界线。极端冰雪调查在世界各地的冰川设立了延时摄影机,并获得了大量且多样的成果,包括电影《追冰》、几本冰川摄影集和将所有作品包装在一起传递强烈环境信息的网站。这不是为了艺术而艺术,这是包裹着信息的艺术,这是寻求赞助且呼吁你行动起来的艺术。这些项目彰显了延时摄影的特殊价值。如果没有重复摄影,没有延时摄影视频,我们就不会以现在这样的形式看到变化。艺术和科学利用这样的技术结合起来,向我们展示了新的、有价值的事物。艺术和科学都是为了帮助我们看得更多,看得更清楚。

现代艺术与科学的合作

一些艺术与科学的合作已经刻意提及两者之间存在着差异。席安·埃德在《艺术与科学》一书中问道:"科学是新的艺术吗?科学家们编织令人难以置信的故事,提出疯狂的假说,问出关于生命意义的难题……当代科学家经常谈论'美'和'优雅',而艺术家却很少这样做。"艺术和科学不是一回事,但跨界的小型项目能从两个领域获取丰富的养料,免受大型冰川环境项目中典型的企业赞助的影响。冰川艺术在民间蓬勃发展,贴着科学的边界小心翼翼地前行,从不试图成为科学本身;同样的情形也发生在冰川艺术与政治产生交集时,但前者也在谨慎地避免沦为政治工具。

安娜·麦基是常驻西雅图的艺术家,她关注有形世界所累积的记忆,尤其是时间跨度很长的人类历史。为了部分满足她对时间与记忆的兴趣,她曾与研究冰川和地球历史的科学家交流,参观他们的野外营地,并花时间绘制从南极洲收集到的冰芯。对于麦基来说,做这些事让她收获的不是掺杂了艺术、科学、政治和环境各领域的信息,而是被所见所闻激起的、充满艺术气息的反应。科学家们正在测量冰的化学成分,计算冰龄和冰流轨迹,在冰层气泡中找到研究过去大气层的证据。麦基写道:"我想象着所有掩藏的秘密都被慢慢揭开,科学家们在实验中释放的气泡,飘向几十个实验室……科学家们正在寻找同位素、微量元素和生物物质。我对企鹅的呼吸、很久以前极地探险的遗留物和维苏威火山的气体都感到好奇。"这不是把艺术当作科学或把科学视为艺术,而是艺术和科学提供了两种不同的观察事物的方式与两种不同的认识事物的方法。艺术与科学的结合,或者说并存,促成了一些展览。艺术家和科学家看待同一事物而迸发出了不同灵感,它们的成果在这些展览中被排列在一起展示。米里亚姆·伯克和彼得·奈特名为"首次了解这个地方"的展览将奈特研究冰川科学的用具与伯克的艺术作品放在一起。艺术家艾玛·斯蒂本参

第七章 冰川艺术

艺术家米里亚姆·伯克将落下的"雪花"用强力胶固定并组装玻璃片"创造"了永不融化的雪球,这是为了在 2010 年关于冰川和冰河世纪的展览上展出

观了科学家贾尔斯·布朗在欧洲阿尔卑斯古冰川的考察点,他们一起举办了名为"冰川转移"的展览,将斯蒂本的艺术作品和布朗在同一地点记录的科学数据放在一起作为对比。斯蒂本注意到冰川改变着自然景观,还影响着人们的想象力。这种艺术和科学的融合与展览的价值不在于艺术家和科学家要得出一样的结论,而是在于他们从同一起点出发,走过不同的路线,最终到达不同的地点。

上述例子表明艺术与科学合作的重要意义不在于融合两者,而是在这个基础上互相启发,发现新事物或用新眼光看待旧事物。对于科学家来说,想到地球就想到地质学；而对于艺术家来说，地球就是艺术。许多艺术品展览、网页和书籍抽象地呈现了从太空或是极近的距离观察到的地球表面，而这往往脱离语境。在本书的前几章，我们讨论了冰川漂砾如何从它们的初始位置被冰川运动运送到了其他地方，我们也曾深受早期地质学家对冰河时代历史不断钻研的启发。2012年前后，美国摄影师弗利茨·霍夫曼对国家范围内的漂砾进行了调查，以周围不断发展的现代社会为背景为它们拍摄照片。对于霍夫曼而言，这些岩石的独到之处是它们数千年来不挪一寸，仿佛静止一般，周围的人们却在为每日生计奔波不停；他的照片对比了以不同节奏生存在同一时空的岩石与人类。

　　地球可以是艺术，冰川也可以是艺术，这取决于艺术家想要关注什么而做出的选择。

第八章　与冰川有关的故事

> 从前有座冰山……

冰川作为艺术隐喻语言中的符号，有着许多含义。它们代表着宏伟、浪漫、缓慢但不可阻挡，代表着贫瘠、坚忍、纯粹与脆弱。它们让人联想到终极荒野和伟大的冒险，它们的存在见证了我们星球的历史。既像超人的孤独堡垒，又像与创造者对峙的弗兰肯斯坦的怪物。在21世纪的环境叙事中，冰川是英雄，也是受害者，同时还是一连串气候灾难电影中的大反派。人们可以在W.H.奥登的诗、儒勒·凡尔纳的小说和《哈利·波特》魁地奇世界杯视频游戏中看到冰川的身影。2000年，电影制片人露丝·梅耶为纪念死于奥斯威辛集中营的祖父母拍摄了一部名为《冰晶之呼吸》的舞蹈电影，它是对保罗·塞兰的大屠杀纪念诗《离开》的舞蹈诠释。通过表现舞者在冰川上艰难行进，表达人类虽脆弱但坚韧的主题。人们已经以许多不同的方式借冰川讲述了许多不同的故事。

音乐家奈德·塞尔夫在美国最南部长大，之后搬到夏威夷定居，主要使用钢弦吉他。1995年，他为自己的首张专辑取名《冰川前进，冰川消亡》。这似乎不是一个让人一眼就认出它是新世纪摇滚爵士风格专辑的名字。所以我写信联系他，让他告诉我使用这个名字的原因。他解释说，这个名字暗示着人类意识的短暂性，"我们总想将当前的问题或痴迷的话题夸得像史前石碑那般重大，似乎它们永远不会改变或被解决，然而，事实上，这些东西很快就会消失不见，下一个占据我们思想的事物也将取它们"。塞尔夫告诉我，用冰川做比喻的想法来自M.斯科特·佩克的书《少有人走的路》。在谈论如何绘制人生地图时写道：

> "绘制人生地图的艰难，不在于我们需要从零开始，而在于只有不断修订，才能使地图内容翔实且准确。世界不断变化，冰山来了，冰山继而消退；文化出现了，文化随即消亡；我们观察世界的角度，也在持续且快速地变化……因此我们必须不停修正自己的地图。"

冰川在传统文学和口述历史中占有重要地位。在北欧的创世神话《女巫的预言》中，宇宙始于火与冰的交锋。象征邪恶的冰，从一口毒井中迸发出来。代表良善的火遇到了冰，化身为巨人，最终被众神杀死。地球在巨人的尸骸上诞生。冰火交融产生蒸汽,万物由此而生。

在欧洲的阿尔卑斯山,许多传统的冰川故事以灾难为主题,反映出冰川对当地人生活充满威胁。在一个瑞士故事里,阿尔卑斯山脉最长的冰川阿莱奇冰川由西方传统故事中那场大洪水冻结而成。厚厚的冰层禁锢着罪恶,人们得以安宁度日。然而,每当阿莱奇冰川后撤,融水流出,"鬼魂"被放了出来在山间肆虐散播恐怖,这被称为"鬼魂的时刻"。当阿莱奇冰川再度向前扩张,恶灵也重新被封印在冰层之下。

在澳大利亚,最古老的冰川故事因口口相传而得以流传至今。地理学家帕特里克·纳恩研究了改编自极端自然事件(例如洪水)的传统故事,认为数百代澳大利亚原住民流传下来的故事栩栩如生地还原了冰河时代末期海平面上升时的景象,一些故事描述了1万年前被海水吞没的细节。在澳大利亚北部生活的蒂维人讲述了巴瑟斯特岛和梅尔维尔岛形成的过程。据说,一位老妇人在岛屿间干燥的地面爬行,接着引来了水流。在现实中,这些岛屿与大陆在大约9000年前分离。澳大利亚东南部则有故事提到维多利亚州海岸有狩猎袋鼠的好地方,那个地方大概就是现在的菲利普港湾。在8000年前,冰川期后海平面上涨,那里的土地被完全淹没。洪水的故事在世界各地都很常见,比如神话中的挪亚洪水。这些故事可能就像澳大利亚原住民代代相传的翔实故事一样,其实讲述的是同一件影响了全球的大事件。

在欧洲阿尔卑斯山充满危险的传说中，人们不仅像是独立于自然景观的存在，甚至冲突频繁。冰川是威胁，与人类对立。但还有一些神话，称土地和人共同构成了一个整体，密不可分。丽贝卡·索尔尼特在她的《迷失实地指南》中描述了加利福尼亚中北部的温图人，他们不用"左"或"右"来指明方向，也不说哪只脚踩在最下面的台阶上，而是用北、南等方位词。如果我转过身面对另一个方向，那就是我东边手臂的方向。我对所处位置的描述不仅取决于我自身，也取决于我在环境中的位置。温图人将自己置于周围环境中，而不是与之对立，这种态度上的差异也反映在传统故事中。文化历史学家朱莉·克鲁克认为，冰川在北美原住民口述史中的地位很特别。对他们来说，自然景观是有生命的。冰川在特林吉特语和阿萨帕斯卡尔语等语言中，可以和有自我意识的词及对他人的行动进行回应的词搭配使用：冰川可以做出道德判断并给予惩罚。例如，太平洋西北海岸的特林吉特人中流传着一个故事，一名女孩侮辱了冰川，冰川摧毁她的村庄以示惩罚，村民不得不搬离他们居住的海湾。

冰川在传统历史中占有一席之地，就像它们出现在人们的生活中那样。近来的文学作品也能看到冰川的身影。故事设定发生在冰川地区的小说和电影当然会以冰川为背景，而在某些情况下，冰川成为故事中的主角，冰川的意象会为情节增加额外内容。哈尔多尔·拉克斯

第八章 与冰川有关的故事

透纳，《冰河》，夏穆尼·沙瓦山谷，1812年5月23日，蚀刻版和夹层版。透纳的这幅画反映了19世纪阿尔卑斯山的浪漫主义思想，这个流派启发了玛丽·雪莱，助她日后完成了小说《弗兰肯斯坦》

内斯凭借他写的关于冰岛人的小说，获得了1955年的诺贝尔文学奖。在拉克斯内斯的故事中，就像克鲁克桑克在太平洋西北地区报道的那些故事一样，冰川表现出人类的意图与个性。在《冰川下》中，拉克斯内斯借鉴了冰川平静、不慌不忙、坚忍不拔的意象，以及它会在稳定、缓慢的速度下达成目标的想法。

在托马斯·沃顿的小说《冰原》里，角色之一不小心掉进冰川的裂缝中，在获救前，他看到嵌在冰面上、伸展着翅膀的天使。冰川是创世神话中的主角，现在人们又了解到它是运送古老沉积物的工具，这既为沃顿的故事提供了魔幻现实主义的解释，也让生活在遥远冰川荒野中的人可能有心理错觉的想法看起来更合理。这个故事似乎在暗示人们，当凝视着古老深邃的深处，谁会知道自己看到的是什么。

　　冰川被用来比喻令人敬畏的事物始于18世纪欧洲浪漫主义运动。与山脉、海洋和风暴一样，冰川是崇高概念的缩影：恐怖与美丽融为一体，是浪漫主义的核心。直到18世纪末，阿尔卑斯山还被视为是对旅行者的滋扰，它是强盗和邪灵的藏身之处。但随着浪漫主义运动的发展，阿尔卑斯山成为旅行胜地。1816年，英国浪漫主义作家珀西·比希·雪莱和玛丽·雪莱与诗人拜伦勋爵在夏蒙尼周边度过了整个夏天。在这次旅行中，玛丽·雪莱开始撰写小说《弗兰肯斯坦》。她在故事中对冰川的描写就具有典型的浪漫主义风格——可怖却又十分美丽。

　　　　巨大的山峰突兀地出现在我面前，冰川宛若耸立的冰墙高悬，一些断裂的松树枝零散分布在四周。就像庄严宏伟的王宫，寂静无声，只有波涛汹涌、巨石坠落、冰层断裂、积雪崩落时，发出如巨雷般的声音，在群山间回荡，打破这片沉寂，这是自然法则的鬼斧神工，造化天地。

　　也是在这次旅行中，珀西·比希·雪莱在他的诗歌《勃朗峰》中描绘了冰川。他说，这首诗试着表现出见到庞大冰川而马上被激起的深刻且强烈的感情；仿佛像灵魂不受约束般，对唤起这些情感难以驯服的野性与不可触及的庄严表达了赞美。

拜伦、雪莱、华兹华斯和科尔里奇都是杰出的作家，他们赋予这些荒野新的寓意。它不再代表着蛮荒，而是旅行者可以一睹神迹，或借自然内观自省的神圣之地。在《海外流浪记》中，马克·吐温称阿尔卑斯山是"凡人得以一见的上帝宝座"。拜伦也写道：

> 仰望阿尔卑斯山，
>
> 大自然的宫殿由山墙筑起，
>
> 雪白的山峰高耸入云，
>
> 宛若神圣的王座，寒冷又崇高。
>
> 冰川于此冻结崩裂，
>
> 雷鸣般的声音四处回响。
>
> 集天地正气，威慑八方，
>
> 大地仿佛直穿云霄，
>
> 只余芸芸众生俯于脚下。

浪漫主义浪潮的影响还在持续，游者、诗人和艺术家以及后来的登山家，都为阿尔卑斯山着迷，正如浪漫主义者向世人描绘的那样，阿尔卑斯山的美好给人们留下了深刻的印象。其他山脉和冰川也给予了作家类似的

冰海冰川

灵感。到了20世纪初，冰川在文学速记词汇中占据一席之地。

W.H.奥登的诗《当我在夜晚漫步》中有这样一句："冰川在橱柜里敲击，/沙漠在床上叹息，/茶杯裂缝打开/通向死亡的小路就在前方"。读者很容易理解这首诗中的冰川代表着古老和荒芜。冰川和沙漠清楚地表明时间正缓慢走向荒凉。奥登所写的柜子里的冰川明显并非本土常见的规模：这里的冰川意味着柜子里有更广阔的天地，或者与一个想象中有着隐喻意味的领土相连接，就像C.S.刘易斯那个通向纳尼亚衣柜的暗黑版本。诗句里的冰川让人们想到它的规模和古时代表的意象。就像诗人奥德修斯·埃利蒂斯描述的树木一样，"（它们就像）另一个世界的乐谱……我们离它们那么近，却看不到"。奥登的冰川在提醒那些看得懂速记的读者，他们看到的只是冰山一角。谢默斯·希尼也使用冰川作为隐喻。W.B.叶芝用冰川比喻"逆境"——恶劣的自然或超自然的环境，还有许多诗人采用冰川的这层寓意。谢默斯希尼在他的《葬礼仪式》一诗中，将葬礼描述为一座黑色的冰川，用它暗指葬礼的缓慢与凄凉，还有萦绕的那无法平息的情绪。阿拉斯加诗人汤姆·塞克斯顿在描述北极的12月时，形容漫长的冬夜一切都很缓慢，就像一座黑色的冰川。

诗人参与科学考察的传统由来已久。1899年哈里曼探险队前往阿拉斯加，参加者除了植物学家、昆虫学家和地质学家，还有作家约翰·巴勒斯和诗人查尔斯·奥古斯都·基勒。基勒在 1890 年的诗《致阿拉斯加冰川》里隐藏着科学知识。在诗中，海洋是冰川的母亲，冰雪从山峦回归大海，水也回到源头：

> 云间倾斜下你可怖的身形，
> 暴风雨孕育的广阔冰河。
> 沿着冰封而凄凉的山峰，
> 你深深感受着山脊。
> 从山坡奔向大海，
> 投入母亲的怀抱，
> 轻柔安抚间，万物皆空。

基勒的诗包含了冰川科学的一些基本知识：冰晶凝结成冰川，冰化成水回归海洋以及移动的冰川会侵蚀陆地。它同样遵循浪漫主义的方式，赋予冰川情感以展现冰川的壮丽，"难以克制强烈的哀伤，（它）发出地动天摇的咆哮，就像被触怒了的神……渴望在巨大的阵痛折磨下跳入大海，平息那份哀恸"。科学与诗意在关键的地方重合，正如基勒提到的缓慢移动的冰的年龄以及它在景观上留下的印记显示的时间长度：

> 多么漫长，
> 又多么不易被察觉啊，你源源不断，

> 宛若永恒的存在，
> 总令人惊叹地循环往复！
> 几年、几个世纪乃至万古，
> 你独自在荒野中消长。

我们现在所说的"深时"概念源于18和19世纪地质学家和生物学家的研究成果，他们改变了早期根据西方传统故事推断地球寿命短暂的观点。达尔文的进化论、詹姆斯·赫顿的地球理论和查尔斯·莱尔的地质学原理等科学家的发现在丁尼生等诗人的作品（如丁尼生的《纪念》）中都有体现。对诗人和科学家来说，努力处理好生活经验、死亡、信仰与对地球年龄和宇宙规模新认识的关系，是一项挑战。

今天，"告别角"科考活动延续了诗歌、艺术和科学相结合的传统，他们邀请的人里就有诗人。"告别角"还与诗歌协会合作开展了一项青年诗学计划，其中数百名年轻诗人撰写并发表了有关气候变化的诗歌。诗人还被安排在学术机构中与冰川科学家一起工作。艾莉森·哈利特由莱弗休姆信托基金资助，在2010年成为埃克塞特大学的地理学院驻校诗人。她与地理学家克里斯·卡赛尔丁合作开展了一个以学生到冰岛实地考察为基础的项目，项目成果包括哈丽雅特的诗歌、学生拍摄的风景照及卡赛尔丁的学术论文。

一些诗人在冰川地区工作，依据个人经验创作以冰川为主题的诗歌。比如,诗人莫里斯·查帕兹就曾在瑞士大迪克森斯大坝的建筑工地工作。该大坝建于1950年至1964年,作为水力发电系统的一部分收集冰川融水。查帕兹也是《豪特路径》的作者,这是一本从勃朗峰到策马特的著名滑雪路线指南,被称为滑雪登山界的文学经典。参与大坝建设的工作让查帕兹直面保护瓦莱州自然美景与开发其资源之间的冲突,他也因此对"进步"的价值有了新的认识。他站在个人经验角度,批评了旅游业对瓦莱州的影响。查帕兹的故事和他参与环保运动的事迹被西格丽德·埃斯林格拍成了名为《染山霞——纯白之路:莫里斯·查帕兹与豪特路径》的纪录片。

德国电影制作人与阿尔卑斯山有着长久的渊源。在20世纪20年代,德国山地电影成为一种电影门类,就像美国的西部片一样,具有特定的拍摄地点和特色景观。与西部片一样,山地电影也认为风景本身构成了演绎重要的组成部分,主人公因在这些地方经历的事而发生改变。德国山区电影类别中最著名的电影制片人之一是阿诺尔德·范克,他不仅是电影先驱,还拥有地质学博士学位。莱妮·里分施塔尔的电影制作生涯始于她说服范克在电影《圣山》中给她一个角色。他们最成功的合作之一是皮兹帕鲁的《白色地狱》,电影讲述了一个男人在皮兹帕鲁山度蜜月时遭遇雪崩而寻找妻子尸体的故事。影片中的其中一场雪崩真正威胁到了剧组人员安全,莱芬施塔尔也被冻伤。德国山地电影在20世纪30年代开始流行并逐渐没落，如今，"山地电影"一词更多与登山探险纪录片或世界各地组织的"山地电影节"联系在一起。

在最近的电影中，冰川在动作电影和灾难电影中出现的比例相对较小。火山爆发、地震和常见生物成为嗜血杀手在自然灾害电影中出现频率最高，不过冰川电影至少能在环保意识过剩的好莱坞电影中找到一席之地。好莱坞电影中的冰川，就像大多数好莱坞版本的自然界一样十分荒谬。作为一名对环境变化感兴趣的冰川

佩里托莫雷诺冰川，阿根廷

第八章 与冰川有关的故事

皮茨帕鲁冰山,属于阿尔卑斯山位于瑞士与意大利之间的伯尔尼纳山脉。这是 **1929** 年拍摄的电影《皮茨帕鲁的白色地狱》的取景地

学家,在电影中看到冰川却有些哭笑不得。《后天》里新的冰河世纪几乎在一夜之间开始。还有《2012》,那里的人们这样宣告冰河世纪的来临,"冰岛的火山喷发将冰川推向了北美洲,沿途的一切都被冻结了"。在官方预告片中,一个角色看着变暗的天空说,"天气冷得好快。怎么办?""冰川,"她的同伴回答,"冰川的行进速度真的非常快。"在这些电影里,科学根本无关紧要。事实上,20世纪福克斯拍摄的"冰河世纪"系列动画片的科学基础要比这强得多。在冰河世纪开始时,动画片里的小动物向南迁徙来逃避寒冷,对古动物学的了解就是这个设定的前提。在《冰河世纪2》中,冰河世纪结束时冰盖融化导致了灾难性的洪水。在影片开头,剑齿松鼠看到冰川

161

喷涌而出的水后，主人公们发现融化的冰层形成了一个大湖，只有冰形成的大坝才能阻止洪水淹没他们的山谷。整部电影取材于上一个冰河世纪末期确实出现了的冰坝湖泊和冰川溃决洪水，这些内容都能够在同主题的学术教科书中找到。与《后天》等电影相比，"冰河世纪"系列动画片更具教育意义，公众对科学的理解可以通过观影而加深。

电影中，风景常常用来暗喻角色、故事主题。冰川通常象征着寒冷、严峻、荒凉，但有时也象征着纯净或原始。不论是哪个方面，冰川都是超级英雄的理想家园、避难所和训练场。《蝙蝠侠：侠影之谜》中的场景就取

布雷莎莫克冰川是冰岛首屈一指的电视和电影拍摄地之一，乘坐游船可以近距离欣赏冰川潟湖

景于冰川旁,蝙蝠侠在那里训练。超人的孤独堡垒——尽管它在各类印刷品和银幕上因版本不同外观也不尽相同——但都设定在冰冷的北极之地。詹姆斯·邦德、劳拉·克罗夫特……一长串故事的主人公以冰岛的冰川为背景展开活动。当电视剧《权力的游戏》的剧本要求在北方找到一个寒冷肃杀的无人之境时,剧组选择了冰岛。《星球大战:帝国反击战》中的霍斯星球的原型则是挪威的哈当厄尔·尤库伦冰川。

经典的好莱坞西部片风景通常在故事中扮演着不可或缺的角色。这类电影的前提是故事都在边境展开:土地纠纷、建设交通、在荒野中设立定居点。它本质上是一种地理类型电影。特定的导演选择拍摄的风景有着很强的个人风格。导演安东尼·曼与詹姆斯·斯图尔特合作拍摄了一系列西部片,背景设置在河流与山区乡间,穿过森林一直延伸到雪线。在《遥远的国度》中,故事背景设置在淘金热时期的育空地区。不同寻常的是,这部电影将传统的西部片与冰川相结合。拍摄地点在贾斯珀国家公园附近,开场字幕的背景是阿萨帕斯卡尔冰川的一系列镜头。自然景观提供的是影片背景和环境,但如果冰川处于一个非常活跃的状态,当穿越冰川的角色遭遇冰雪崩,冰川的危险就出现了。

在1948年的电影《南极的斯科特》中,南极半岛格雷厄姆地的素材片段插播了在挪威和瑞士拍摄的画面,以表现电影中凄凉的景色。拉尔夫·沃恩·威廉姆斯为

冰　川

了呼应荒凉的视觉效果，特意为这部电影创作了配乐。1952 年，拉尔夫·沃恩·威廉姆斯将乐谱改为《南极序曲》，这也是他的第七部交响曲。音乐里的冰川和冰川景观代表的意义与其他媒体中的差不多。作曲者使用比喻

第八章 与冰川有关的故事

手法吸引观众，并引导听众围绕冰川去思考和讨论有关环境的话题。2016年，作曲家兼钢琴家卢多维科·埃诺迪与绿色和平组织合作，发布了一段视频。视频里他在一架漂浮于冰川前的三角钢琴上演奏了一段特别创作的

2014年的电影《星际穿越》在冰岛南部的斯维纳山冰川取景，那里是"冰行星"的拍摄地点

音乐,名为《北极挽歌》。发布时恰逢人们就是否允许进一步开发北极资源而展开政治辩论,视频的标题这样呼吁,"再大声些,我们要拯救北极"。

皮特·布罗德里克的首张专辑《漂浮》收录了一首名为《冰川》的曲目。我问布罗德里克他为什么选择这个名字,他解释说这完全是因为"冰川虽看起来简单,却有着巨大的神秘感……伴着音乐,我真的很喜欢这个巨大冰块缓慢移动的画面。为那张专辑写曲子的时候,我脑海里都是那幅画面"。说起同专辑中的另一首名为《另一座冰川》的歌曲,布罗德里克告诉我,他是以冰川的视角写下的歌词:"冰川是什么都没有、变化缓慢的新土地……看到新的土地会自言自语,'我在移动吗?或者只是在融化?'"摇滚乐队在决定使用"冰川"作为新标题时,考虑了更多的环境因素。他们的歌词称,尽管冰川融化,人们也将一如既往地继续生活。同样,英国海力乐队 2005 年发行的《言论开发》也收录了关于南极拉森 B 冰架崩裂的歌曲。歌词中"融化的冰层使海水淡化,冰架持续 1.2 万年的寿命即将结束",令这首歌听起来像是科学家和音乐家合作的产物。当然,这样的合作已经出现。2012 年 7 月在俄勒冈举行的南极研究科学委员会开放科学会议的组织者邀请与会者参加与主题相关的一系列音乐活动,其目的是让南极研究员发挥他们的艺术才能,用易于理解的方式向公众传播科学思想,又不失准确性或可信度。这与其他艺术科学交叉的区别在于,这不是让艺术家与科学家合作或单方面被科学家启发，而是让科学家根据自己的科研成果创作自己的艺术作品。

讲述冰川故事的方式有很多种，无论是文学、电影还是音乐。历史学家W.G.霍斯金斯认为诗人是最好的地理学家，在我看来，诗人也分很多类型。

第九章　冒险·探索·启迪

> 冰川与天空相接之处不是尘世，而是大地与天堂交汇的地方。
>
> ——哈尔多·拉克斯尼斯

在过去，除非万不得已，否则人们才不会前往冰川地区。但如今，很多人只要条件满足，就想去看看冰川，其中一些人继承了旅行的传统。18世纪阿尔卑斯山从一个令人畏惧的障碍变成了备受追捧的旅行目的地。现代冰川爱好者继承了极地和山地探险时代的文化记忆，跟随维多利亚时代或爱德华时代英雄们的脚步，与偏远荒野的逆境做斗争。对一些人来说，参观冰川成了环保主义的打卡项目，就像在参与环保行动的最后一个待办事项上画钩。其他人也许只是为了用好自己环游世界的机票或是拍出好照片。许多参观冰川的人对冰河世纪或科学史不感兴趣，他们甚至不太关心正在逐渐消融的冰川。他们主要是想获得一种"体验"，获得乐趣。有些人去迪士尼世界，有些人坐在沙滩上喝啤酒，而有些人去探访冰川。在这些人中,有的带着登山靴、蹦极绳、滑雪板或皮划艇;有的带着伴郎和伴娘。冰川探险是世界上最伟大的冒险之一,不过在21世纪,它也有很多可供人们选择的方式。

在过去,人们经常以责任、科学或探索的名义进行冒险。能被人们记住的、极为精彩又富盛名的大冒险,大多与一些高级别的科学或国家项目有关。弗里特乔夫·南森在1888年首次穿越格陵兰岛,它是一次出于科学和地理目的的探索,现在每年都有业余探险家重复这一旅程。当南森启程时,人们甚至不知道冰雪有没有覆盖整个格陵兰岛。有些人认为,中部土地开阔,适合殖民。当时没有卫星图像,也无法进行航空侦测,以前也从未有人这样做过。南森的计划交由学术界评判,探险得出的结论将具有历史意义。现代的许多探险旅行或远足是对前人的模仿或致敬。今天以滑雪穿越格陵兰岛为乐的人,基本不会对科学界或世界认知做出任何重大贡献。有几家探险旅游公司提供滑雪穿越冰原的向导服务,普遍的收费标准是每人8000英镑(约7.2万人民币)。而当南森开始第一次穿越格陵兰岛,从东海岸出发进入未知的内陆时,他向世人宣布,"我要么死,要么抵达西海岸"。我不认为今天的商业导游会把这句话奉为圭臬并向客户宣传。当斯科特和他的团队在试图成为第一批到达南极点的人时,他们失去了自己的生命。这样惨痛的代价不是为了冒险(尽管它的确是一场冒险),而是为了探

冰　川

游客在 20 世纪初参观挪威的冰川

索和科学。在他们之前，没人去过那里。在地质学、生物学和气象学方面，我们对南极一无所知：他们以特定的方式探险是为了发现新东西，而不是因为使用马、狗或人拉雪橇是什么有趣的事或一种体验，而是因为在当时没有其他更好的方法。今天，人们可以飞到南极，住在有中央温控的大楼里，通过直升机和摩托雪橇在南极旅行。我们不再需要人拉雪橇穿越大屏障、攀登贝尔德莫尔冰川或是穿越极地高原。然而，人们还是这样做了，冰川的恶劣环境让人们给自己提出更高的挑战。

有时，某些"挑战"毫无顾忌地打着冒险的旗号，但又常常为了体现其正当性而小心翼翼地列出关乎科学或环境方面的理由，这些理由一般在寻找赞助者的书面材料中占据突出位置。有的现代探险则完全重复了过去的探险路线。2001 年，一群艺术家、科学家和作家重走 1899 年哈里曼阿拉斯加探险队的路线。最初的探险队由铁路大亨爱德华·哈里曼组建，其中包括塞拉俱乐部的创始人约翰·穆尔，他是公认的阿拉斯加冰川专家，在参加探险队前就已经有一座冰川以他的名字命名。穆尔在探险期间抓住机会，以探险队的赞助人和领导者的名字命名了另一座冰川。南极洲的贝尔德莫尔冰川是欧内斯特·沙克尔顿为了纪念 1908 年宁德探险队的一个赞助人而命名的。

要在科学上取得突破并不是人们在冰川地区进行探险的唯一理由。自从浪漫主义者让世人知道欧洲阿尔卑斯山是很好的旅游目的地，除了参军或做科研，山脉与冰川也为游客提供了一次冒险的机会。其中一家提供格陵兰岛向导滑雪旅行服务的公司将他们的旅行描述为"像早期探险家那样体验浪漫而近乎严苛的极地旅行……这将是一次磨炼精神与肉体的旅行……漫长的探险，需要有耐心、有耐力、有毅力且意志坚定"。对于许多人来说，冰川探险的意义在于挑战自己去做一些非常困难且有潜在风险的事。对于早期浪漫主义者来说，危险是感受自然崇高的必要元素。而对于现代冒险家来说，冰川为陆地上的冒险增加了一层危险。攀登冰川比爬山更危险。穿越高原可能只是一次探险，但穿越高原冰原是更危险与困难的事。

吉姆·林的《英国人如何缔造阿尔卑斯山》一书描述了这种探险旅行的发展史。19世纪中期，山地旅行出现爆炸性增长。随着阿尔卑斯山俱乐部的成立，以及滑雪作为一种流行的度假活动和运动有了长足发展，阿尔卑斯山的转型导致最初吸引浪漫主义者的那些物质被削弱了。当拜伦看到崇高和鼓舞人心的阿尔卑斯山风景时，没有旅游巴士，没有登山探险，没有风景优美的铁路旅行路线。我们仍然可以前去感受阿尔卑斯山的雄伟壮观，但这种体验与过去完全不同。对于19世纪初的早期浪漫主义者来说，阿尔卑斯山是一片崇高且遥远的荒野。2014年，策马特的马特洪峰旅游报告显示，仅该地区就有超过200万份过夜酒店订单。在新西兰福克斯冰川，当地导游公司表示自1974年以来已护送超过100万名游客进入冰川。在冰岛、美国阿拉斯加、新西兰等国家或地区，形成了在冰川上举行婚礼的相关产业，业界出现了包括为婚礼运输或用直升机将参加婚礼的客人运送到遥远且壮丽地点的公司。2016年，第一场冰川婚礼实际上是在冰岛的朗约库尔冰川内部、冰下钻出的500米长的隧道里举行的。如果拉斯维加斯不和你心意，你也可以选择冰川来见证你的幸福时刻。在2014—2015年的旅游季，共有近4万人到南极洲旅游。有些人只是乘

第九章 冒险·探索·启迪

一名登山者正在接近瑞士马特洪峰的山顶

坐游船经过，游览风景并观察野生动物，但同时，也有超过 2.7 万名游客登陆南极大陆。2.7 万是多么令人惊讶的数字。

冰川地区对热衷前往热门度假区的现代探险游客来说，俨然是世界最壮观的探险主题公园。亲近大自然，与周遭环境融为一体是许多崇尚运动的人的选择基础。冰川就提供了许多这样的机会。只要轻轻点击几下，网上预订就可以完成，游客们可以从世界任何地方乘坐国际航班前往。冰川探险对于任何旅行者来说都不再是遥远的。现在，我可以坐在客厅花大约 100 美元预订名为"神奇的冰冻世界"的冰岛冰川向导徒步游，或者花

145新西兰元在塔斯曼冰川湖划一下午船，还可以花400美元在阿拉斯加峡湾划一整天的皮划艇，观赏艾亚里克冰川。

新西兰一则宣传在穆勒冰川划一下午皮划艇的广告语是，"你正留心小冰山和融化的冰川，塞夫顿山附近却传出雪崩引起的雷鸣般的声响。探索不断变化和发展的湖泊，满怀敬畏地注视附近奥拉基-库克山的山坡"。如果我不喜欢水，我可以花1000新西兰元在新西兰同一地区预订一天的直升机滑雪，也可以只花500新西兰元在福克斯冰川上享受攀冰的入门体验，还包含两次直升机飞行和专业指导。或者，如果我不喜欢没那么刺激的冒险，可以花60新西兰元，选择由冰川公司打造的冰面巴士路线。比如，我可以预订一个80分钟驰行不列颠哥伦比亚省的阿萨帕斯卡尔冰川的巴士之旅，而且广告上说，如果我愿意，我可以下车并安全地在冰川上拍照。"中国长城、美国自由女神像、埃及金字塔，世界上每个角落都有不可错过的景点……而在加拿大落基山脉，不容错过的就是冰川探险。"在冰岛，我可以乘坐八轮驱动冰川超级卡车进入朗约库尔冰川，然后在冰岛南海岸的约库尔萨隆潟湖乘坐一辆巴士，当驶进湖泊，这辆巴士会变成船，而面前就是冰岛最壮观的冰川。这是出现在詹姆斯·邦德、蝙蝠侠和其他冒险电影的冰川，这种神话般的冒险更带来了新的旅游商机：影迷们跟随明星的足迹，"打卡"游览他们最喜欢的电影场景中出现的地点。就像

第九章　冒险·探索·启迪

广告网站宣传的那样,到壮丽的冰川潟湖附近参加沙龙,追随《择日而亡》中詹姆斯·邦德和《古墓丽影》里劳拉的脚步。

　　所有这些有组织的冒险活动在其广告中都小心翼翼地透露存在危险,同时向客人们保证他们安全无忧。就像浪漫主义者们追求的自然崇高一样,现代的游客想要的是刺激而不是真正的危险。就像过山车主题公园一样,理想的冰川主题公园应该只是有点吓人,而不存在安全问题。2015年,世界上第一个冰下派对举行,派对包括歌唱表演和鸡尾酒供应。它作为冰岛文化音乐节的一部分,强调安全第一,票务信息规定"为了保证冰川下

游客乘坐游船观看阿拉斯加冰川湾快速退缩的冰川

175

所有客人的安全,冰川游览或表演期间不允许携带酒精饮料,所有客人最多只能喝两杯(作为套餐的一部分提供)"。冰川下的派对可能不是每个人都会认可的派对,原因不止一个。

越来越多的人将冰川旅游与环境问题联系起来,很多人觉得冰川旅行就像去动物园看濒危动物。这是因为冰川衰退的画面常常被用来宣传环境变化带来的危害,而且一些冰川旅行也让人们看到冰川确实处于灭绝的边缘。蒙大拿州冰川国家公园的历史地图显示,在19世纪中期,那里还有大约150座冰川,而到了21世纪初,那里只剩下25座活跃的冰川。而且据推测,这些冰川将在21世纪中期之前消失。冰川真的在消失,而且在中纬度山区等地方消失得更快,因为它们是到目前为止最容易到达的冰川。所以,人们最熟悉和最容易到达的冰川就是即将消失的冰川。广告常说,在冰川还在的时候,去看看它们吧。许多组织机构总在假设想看冰川的游客很想拯救地球,于是他们会在营销策略中利用冰川与环境的这种联系。阿拉斯加的一家公司承诺,每当有一位游客预订他们的冰川皮划艇旅行,他们就会捐两美元。帮助资助阿拉斯加的风力涡轮机安装工作和在支持全阿拉斯加学校开展可再生能源教育,只用两美元。

即使冰川消失了,它们留下的景观也会为旅游提供机会。英国湖区在早期的浪漫主义运动中占据非常重要的位置,它催生了荒野旅游。冰川留下的U形谷地、尖

第九章 冒险·探索·启迪

19世纪末和20世纪初的铁路海报经常利用欧洲阿尔卑斯山或北美落基山脉的冰川来宣传。这张由阿贝尔·费舍尔创作的海报可以追溯到1905年

锐的山脊和巨石区，本身就能给人留下深刻的印象和带来启发。在瑞士卢塞恩，所谓的冰川花园是一个有着冰川融水洼地、条纹巨石和冰抛光基岩的公园。这里有冰川博物馆和冰河时代的植物园，可以开展科普之旅。如果冰川岩石和植物还不够诱人，这里还有镜子迷宫，有

法国夏莫尼山谷的冰川旅游

场地可以举办盛大活动,还有世界上最古老的山体浮雕模型。

威斯康星州采取了让人耳目一新的方法应对冰川旅游铺天盖地的宣传。那里有一片似乎在上个冰河世纪躲过了冰川侵蚀的土地,因为没有冰川特征反而备受欢迎。与周围的土地不同,威斯康星州、明尼苏达州、艾奥瓦州和伊利诺伊州都有部分地区没有被冰川沉积物覆盖,因出现冰川沉积碎片的地方被称为冰川"漂移地区",所以没有出现沉积物的地方被称为"无漂移地区"。这些地区在历史上没有出现过冰川,所以它的地形和生物地理形态与周边地区有些不同。艾奥瓦州的官方旅游指南讲述了无漂移地区长达160千米的风景大道的优点,它"以'之'字形穿过阿拉玛基县的独特景观……这里直到冰川经过艾奥瓦州也没有被冰面覆盖,最终形成了一个引人注目的气蚀和沟壑地形区域"。

第九章 冒险·探索·启迪

我们与冰川的关系随着时间的推移而改变,遥远而充满敌意的冰川在某种程度上已经被驯服或俘虏。冰川是我们曾经害怕的东西,然而现在我们必须保护它免受人类活动带来的威胁。许多人在期盼更具野性的冒险、体验更深的孤寂,以至于荒野和孤独变成稀缺物。在过去,我们为了职责和探索不得不冒险,现在我们则为了冒险而创造冒险。对于我们中的许多人来说,无论我们用什么方式冒险,冰川都提供了一个理想环境。也许在冰川探险中的旅行者仍会遭遇更荒芜的荒野、经历真正的危险,但对于他们中的绝大多数来说,现在的冰川探险是经过包装的、是安全的,所谓的危险对于只是从冰川快车的窗口向外望去的人来说不值一提。哪怕身处危险的环境,当游客得到许可从冰川探险的"怪物"卡车下来,在一小段经过安全检查的冰上行走时,那种危险也就不复存在。

冰川探险对于许多探险旅行者包括我们这些偶然决定去看看冰川的人来说,其中一个吸引力是那种我们正在进入某个不为人知的地方或是我们正在踏入前人从未涉足的地方的那种想法。在世界上的大部分地区,即使是最偏远的沙漠或最高的山峰上,也很少有人类未知的领域了。然而,冰川是不断变化的。日复一日,年复一年,前进或是后撤,吞没或让位于土地。裂缝敞开或闭合,湖泊成形或流失。当冒险者在冰川表面露营,每天早上打开帐篷,也不能确定周围的风景在一夜之间发生了什么变化。特别是在这个环境迅速变化和冰川广泛退却的时代，每一次面对冰川，它都像是全新的。我最早熟悉的冰川之一是冰岛的索尔海姆约库尔冰川。在几年的时间里已经退缩了好几百米，我已经无法从我之后的朋友和同事拍摄的照片中辨认出它的样子。一个经营索尔海姆约库尔冰川旅行的旅游组织在他们的网站上增加了一条说明，告知客户由于全球冰川退缩，他们已经将以前的两条探索路线合并为一条，并且以前紧邻冰面的停车场现在需要步行40分钟才能到达冰川。当我下次再去索尔海姆约库尔冰川，就会像是从来没去过一样。其他景观不会像冰川表面和冰川边缘那样变化多端，也不会让人不断发现新的风景。短期来看，这令人兴奋；但长远来看，这令人恐惧。我们将会在最后一章讨论令人恐惧的诸多原因。

第十章　冰川的未来

冰川在环境历史上占有重要地位，它们能告诉我们过去的环境变迁，就像煤矿中探知危险的金丝雀。未来，它们将是环境变化的关键组成部分。冰川的未来与整个地球的未来以及所有生活在地球上的人息息相关。

在科学家们确认人类活动是当今环境变化的主要原因之后的很长一段时间，甚至在政府间气候变化委员会宣布达成科学共识后，那些既得利益的政府和企业继续否认阿尔·戈尔所说的"不方便的事实"，即燃烧化石燃料等人类活动导致气候变化，这会加速冰川融化。2015年，在梵蒂冈组织举行的气候变化研讨会上，有人指出，人类引起的气候变化是一个科学现实，迅速缓解气候变化是人类在道德和精神层面上的迫切需要。到了2016年，人们能越来越清楚地意识到，只有从现状中获得既得利益的政治和经济力量才否认气候变化的紧迫性或人类活动在其中产生的负面作用。然而，同年年底的联合国气候变化大会证实，各国在应对气候变化上给出的承诺仍然相差巨大。2016年，位于格勒诺布尔的法国国家

冰 川

蒙大拿州的冰川国家公园闻名世界，而可悲的是，这要归功于仅存的几座正在迅速消失的冰川

科学研究中心的杰罗姆·沙佩拉兹博士开始将欧洲冰川的冰块样本空运到南极洲的深层仓库保存。这样，即使冰川消失，这些冰块还可以用于科学研究。

气候变化对冰川的影响以及由此可能产生的一连串事件，是人类面临的最严重的问题之一。不远的将来，最可能出现的是山区冰川迅速萎缩，许多冰川将在现今活着的人的寿命范围内消失。这将影响许多地区的水供应，导致海平面上升并危及农业和人类居住的可持续发展。随着冰川的融化，最初会产生洪水；冰川消失后，又会出现干旱和水资源短缺。更长远会发生什么尚不能确定，但可能涉及主要冰层的消失。在未来最极端的情况下，如果南极冰盖完全融化，全球海平面将上升50至60米，大约有10亿人生活在将被淹没的地区。今天做出对环境有影响行为的人不可能承受这个后果，但他们今天做出的决定将影响这一后果以及短期内会发生的事。

第十章 冰川的未来

即使是现在,冰川的可见变化也直接指向了可怕的未来。

　　冰川不仅在气候变化和海平面上升的环境题材剧中担当主演,伴随环境变化、资源压力和国际冲突,它在政治和经济题材剧中出镜率也很高。未来会出现这样的情景:土地在冰层消失后重见天日,旧的大陆被冰川融水淹没,地球上主要发源于冰川的河流干涸,大片人口稠密的农业用地变成沙漠。数百万人因气候变化而成为

美国地质调查局的一名科学家拍摄了冰川国家公园内格林奈尔冰川的图像。这是重复拍摄项目的一部分,目的是呈现气候变化导致的冰川衰退

难民。这将带来世界末日般的光景。在科幻小说中,未来战争的爆发有许多原因,比如机器崛起,或是外星人的入侵。然而更有可能的未来战争是水资源战争,也可以理解为冰川战争。因为冰川消失、冰川供水的干涸和土地不断被上涨的海水淹没,各国因全球水和土地供应的变化而陷入冲突。

冲突已经开始

政府间气候变化专门委员会在1990年指出,气候变化的最大影响可能是造成人类迁移。2008年,国际移民组织在他们的报告《移民与气候变化》中预测,最快到2050年,将有2亿气候变化移民。联合国认为大规模的移民是对国际安全的一个主要威胁。即使是相对较小的哪怕几米的海平面变化,也会因为南极冰盖的部分崩塌而导致数以亿计的人流离失所。世界上规模较大的城市大多在沿海地区,人口最稠密的农业用地大多位于与海平面高度相近的低海拔地区,如洪泛平原、三角洲和河口地区。

太平洋岛国基里巴斯仿佛已经置身未来世界。2008年,由于基里巴斯很可能成为第一个由于海平面水位上升而难以为继的国家,基里巴斯政府要求新西兰和澳大利亚接受基里巴斯公民作为永久难民。2012年,基里巴斯政府在斐济岛购买了超过2000公顷的土地,这是应对失去土地的后备方案中的一部分。到了 2013 年，该国人口超过 10 万，政府开始敦促公民考虑移民并重新安置。一些研究认为，珊瑚生长和海岸沉积加上填海造地，可以拯救这些岛屿。但是，即使土地本身保持在海平面以上，咸水侵入地下含水层等问题也可能使这些岛屿不适合居住。如果一些土地消失而另一些土地得以保存，那么人口密度在仅存的地区将超过土地负荷而达到难以维系的水平。

除长期的海平面上升外，冰川消失所带来的最严重的威胁之一是随之而来的水供应不足。世界各地赋予山顶积雪消失许多不同的名称。很多人说"山峰变黑"，因为冰雪消失后露出裸露的岩石。在喜马拉雅山，这通常被称为"黑云"。青藏高原及其周围地区有着极地之外数量最多的冰川。它又被称为"第三极"。喜马拉雅山脉的融水滋养了十大河系：阿姆河、雅鲁藏布江、恒河、印度河、伊洛瓦底江、湄公河、萨尔温江、塔里木河、长江和黄河。据估计，雪和冰川的融化量占印度河系统总流量的 50% 以上。总部设在加德满都的国际山地综合发展中心将喜马拉雅山的冰川描述为"大自然的可再生淡水库"，几个世纪以来，下游数亿人受益。喜马拉雅山脉的甘戈特里冰川是恒河水的主要来源，每年后缩 35 米。一旦冰川消失，恒河等河流将成为季节性河流，数以亿计的人将失去日常用水。

法国比利牛斯山脉的冰川特别容易受到气候变化的

影响，因为它很小，又处于低海拔和低纬度地区。奥苏埃冰川是该地区最大的冰川之一，在过去的一百年里，它的占地面积已经减少了一半以上，预计到 21 世纪中叶将完全消失。比利牛斯山脉冰川的未来看起来很暗淡。加利福尼亚内华达山脉的冰川和积雪在过去 150 年里减少了一半。在科罗拉多落基山脉，42% 的冰川已经消失。在蒙大拿州的冰川国家公园，冰川和积雪已经减少了近 70%。土耳其在 1970 年至 2013 年间失去了一半的冰川。据预测，到 21 世纪末，珠穆朗玛峰周围的冰川将缩减 70% 以上。在东非，自 1900 年以来，肯尼亚山、乞力马扎罗山和鲁文佐里山脉的冰川已经损失了超过 80% 的面积。这些冰川现在几乎绝迹，并且预计将在几十年内完

干戈特里冰川的入口：恒河源头

全消失。

在玻利维亚,恰卡塔雅冰川曾是地球上最高的滑雪胜地。1998年,冰川学家埃德森·拉米雷斯预测,该冰川将在2015年前完全消失,然而它在2009年春天就已经全部消失。没有人能在夏天再去恰卡塔雅冰川滑雪了。在1975年至2006年期间,玻利维亚的雷阿尔山脉失去了近一半面积的冰川。图尼·孔多里里山脉的水库为生活在拉巴斯和埃尔阿尔托市的200万人提供80%的饮用水,其一半以上的淡水来自冰川,而这些冰川预计将在2050年前消失。

水文学家皮耶尔·舍瓦利埃和他的同事在2010年发表了一份详细的审查报告,说明环境将如何影响安第斯山脉的冰川和水资源,该地区拥有世界上99%的热带冰川。他们以秘鲁的里奥圣谷为例,发现冰川水不仅对该地区而且对整个国家都具有社会和经济意义。他们区分了不同海拔高度的冰川资源的不同用途。5000米以上的冰川是旅游资源,几十年来吸引了来自世界各地的登山者。2000至4000米之间得益于复杂的管道系统,几个世纪以来这里一直在进行坡地灌溉农业。2000米以下是桑塔河的水在驱动涡轮机发电。800米以下的安第斯山脚下,桑塔河的水被用来灌溉最近在贫瘠的沿海地区建立起来的巨大农业区。冰川如果消失,上述所有资源都会消失。据估计,一旦冰川不再供水,桑塔河上的帕托水电站的年平均产量将下降35%,每年的经济损失为1.44亿美元。自20世纪

奥苏埃冰川

90年代以来，由于冰川衰减，前往帕斯托里冰川的游客已从每年10万人次减少到不到三分之一。

山区冰川的逐渐消失正在造成一系列的环境危害，例如产生随时会边缘爆裂的不稳定冰缘湖，造成毁灭性的洪水。在20世纪中期，科迪勒拉布兰卡见证了一系列由冰缘湖形成和灾难性排水引发的大洪水。在1941年帕吉拉吉查湖决堤，引发的洪水和泥石流导致约6000人死亡。在那次灾难和几次类似的灾害之后，秘鲁人开始了一项重要的计划,开发工程解决方案应对这种威胁。他们启用冰川监测系统,人为排空或制约湖泊。科迪勒拉布兰卡的经验现在被喜马拉雅山和其他地方采纳,因为冰川退缩带来的问题成为世界各地山区面临的共同难题。例如,在尼泊尔最大的冰川盆地都得科西,几乎所有的山谷冰川都在退缩,有些每年退缩的速度高达70米,这导致几十个新湖泊的形成。在如此高海拔的偏远地区,即使监测这些湖泊的增长也是一个重大的挑战,更不用说制定工程方案来解决这一问题。即使是卫星遥感也并不总是有效,因为水可以在冰川下或内部积聚而不被发现。冰川学家道格·本描述喜马拉雅的一些冰川像瑞士奶酪一样充满了洞。其中一个危险的冰川湖在果宗巴冰河前发展起来,宾和他的同事莎拉·汤普森在那里建立了一个远程摄像机网络以监测冰川的变化。起初,湖水增长缓慢,但从2001年开始,它每年扩张约10%。随着冰川的继续退缩,据预测,该湖在几十年内可能达到数亿立方米的容积。如果它的堤岸坍塌,由此产生的洪水将是灾难性的。

为解决冰川退缩所带来的威胁,人们已经采取了不同程度的努力。最大规模的是试图限制或扭转人类对全球气候的影响。在最小的范围内,已经开展了许多能抵消或扭转气候变暖对特定冰川影响的项目。一些项目旨在人为保障冰川供水。通过在冰雪上铺设不同的材料,增加或减少冰的融化。亚洲部分地区的传统耕作方法是在春雪上撒上泥土，以加速其融化，类似的方法也可以用来增加冰川在夏季的融化量。铺上一层薄薄的深色吸热材料，如煤粉，可以使表面融化量增加55%，而放上厚厚的涂层，或使用热绝缘材料，可以减少融化。另一种方法是制造被称为"人工冰川"的东西。已经出现了很多人工造冰的方法。其中一种被称为"冰川嫁接"，是将冰块从冰川移到一个背阴的高海拔山坡上，在那里它们可以存续而不融化。冰块被土或岩石覆盖时，地下水或降雨会把它们周围冻结。虽然这些不是学术层面准确定义的冰川，但它们可以在干旱的山区提供类似的全年水供应。这种方法已经实行了几个世纪，那时是为了给在生产季节结束前就耗尽水的村庄提供融水。现在，随着处在偏远地区的聚居区受到气候变化的影响，这种方法可以用来应对冰川退缩的部分情况。在拉达克寒冷的跨喜马拉雅沙漠，居民依靠冰川融水进行灌溉，在4月和5月水短缺尤为严重，这时生长季节刚刚开始，融水季还未到，水的供应量很低，需求量却很大。由拉达克学生教育和文化运动组织建立的一个项目是将冬季需求量低时流出的多余的水冷冻起来，作为冰块储存，直到春季需要时再使用。在重力作用下，水通过管道在离地面数米高的地方排出，坠下时接触大量冷空气，水在到达地面时就会冻结，形成一个冰锥，或称冰塔。原型测试结果显示，这些"冰塔"有可能储存大量的冬季用水，以便人们在关键的春季干旱时期取用。

通过造雪机来保护或重建现有冰川的方法已经在不同的经济环境下得到应用。位于瑞士策马特滑雪胜地的西奥杜尔冰川是世界上游客较多的冰川之一，每年冬天约有200万人去滑雪。为了应对冰川退缩，人们使用造雪机为冰川表面增加更多雪，并延长滑雪道。德国最高的山峰楚格峰每年夏天都会用反光油布覆盖部分雪场，以保护冬雪不被融化进而保护冰川。据估计，每年约有8万立方米的雪被保存下来。在意大利，为了保护普雷塞纳冰川，面积9.0115万平方米、厚4毫米的隔热材料被铺在冰上。至少在短期内，这种方法是成功的：与没有被覆盖的地区相比，隔热材料下面的冰雪融化量减少了60%。北美最大的滑雪胜地不列颠哥伦比亚省的惠斯勒黑梳山，在2015年开始人工造雪。该公园的山地规划和环境资源经理告诉媒体："山地度假区正在考虑建立一个足够大的造雪系统以扭转冰川退缩趋势，这是行业内的第一次。"冰川学家对长期实施这项计划能否成功表示怀疑。成本限制了雪炮和隔热罩的使用，虽然对于一些小的度假区来说，它在经济上是可行的，但该系统还没有被大规模采用，而这才会对冰川灭绝制造的全球危机产生关键影响。

并非所有与冰川退缩有关的问题都如此明显。秘鲁科迪勒拉布兰卡的瓦斯卡兰生物圈保护区冰川退缩的消极影响是，被冰层覆盖了数万年的富含金属的岩石暴露在大气中。新暴露的岩石很容易被风化，岩石的化学分解导致酸性水排放到当地的生态系统中，铅、砷和镉将进入水源系统。为此,人们开始种植精心挑选的、有能力吸收污染物的植物。

尽管冰川的消失会带来压倒性的负面影响,但也有积极的一面。冰川退缩一个潜在的巨大经济利益是适合矿物开采的土地将逐渐暴露出来。格陵兰岛现在的冰层下可能埋藏着巨大的矿产,冰川退缩相当于打开了矿产勘探的前沿阵地。当然,地质学家再有开辟新勘探领域的热情,也必须考虑到几十年前那些强烈建议将放射性废物埋在冰川下且认为这方式十分安全的人已经实行的计划。如果这个计划继续实行,我们对冰川消亡产生的后果可能还要加上携带着放射性物质的、地球最后的冰川将在海洋中融化。

冰川:超越自然地理学的未来

随着时间的推移,我们看待冰川的方式已经改变。这种变化产生的一部分原因是我们意识到冰川在相互关联的全球系统中发挥着重要作用,而冰川及其系统本身也在发生变化。我们对冰川环境不断深入的理解也促使冰川文化地位上的变化。提到原始荒野,人们会想到冰川;同理,人类活动引发的环境变化也会令人想到冰川,这种联想体现在艺术和科学看待冰川的方式。我们对冰川和全球系统的了解必须对帮助我们平衡环境保护与经济发展。正如科学和艺术的联系一样,科学必须与经济和解决环境威胁的政治政策联系起来。如何防止冰川在气候变暖的情况下融化？如何才能阻止海平面上升？如何防止在冰川衰减的某些阶段出现灾难性洪水？在地球上的主要冰川退缩后，干旱与沿海洪水发生，随之而来的抢夺仅存冰川的战争，或者说洲际移民和国际冲突，该如何防止？这些不仅是科学问题，也是与人类息息相关的社会问题。一个能够抵御冰川冲突威胁的可持续发展的未来计划，它应该包含多方的想法，而不仅仅从科学家、艺术家或政治家的目标出发。我们所处的冰河世纪不仅是一个冰川影响自然景观的时代，还是一个冰川影响我们如何看待世界的时代。

我们需要许多关于未来冰川的计划书。在冰川与科学方面，我们需要详述未来气候的变化会如何改变冰川。我们还应该研究其他星球上的冰川，到目前为止，我们对这些冰川知之甚少。除了冰川与科学，我们还需要设想冰川与艺术交融的前景，在未来，艺术的一个作用是启发科学，另一个作用是以科学无法做到的方式与人沟通。最后，我们还谋划冰川与社会发展相关的发展，让政治和经济在不断变化的环境中发挥更多作用，开发与冰川相关的资源，应对危险、规避潜在冲突。

自然地理学研究地球表面和近地表环境，将我们与一些超越自身的事物联系起来。它不仅研究物理环境，也研究人类与环境的关系。我们需要突破物质层面的地理学，把看似简单的事物视为多个事物之间联系而出现的产物。它必须让人们认识到,世界上存在着冰川,不仅改变了世界,也让人类变得不同。这种不同不仅源于冰川本身,而也来自我们如何想象并表现它们。地理想象力不仅储存过去的思想、记忆和观念,也让我们对未来的看法更有体系。

科学已经经历了几百年的学科隔离,这与早期未形成学科的时代相比有了很大的变化。在那时,人类的研究没有那么多条条框框。今天,地理学家、历史学家、化学家和工程师处于不同部门,在不同的杂志发表文章。跨学科的合作被誉为实践中不寻常的创新,对于学者、艺术家和政治家来说也是如此。我们在各领域人为架设的围栏里待得太久了。但可预见的是,我们正开始走向后学科时代。在环境风险领域,我们最有可能重建学科间的联系。这是地理学与经济、政治、工程、规划和环境管理最明显的相通之处。

有些事情是无法想象的,像是永恒或是世界的尽头,我们大多数人没机会参与这些事。有些事情微不足道,却构成了我们日常生活的绝大部分。冰川位于这两者之间。一方面,它们是具体的,是我们可以到访和触摸的现实世界的物体,即使我们不接触它们,也可以很轻易地在脑海中构建它们的形象。但另一方面,它们又很抽象,它们与广博的、崇高的另一个世界相连。这给了我们接近本不可联系、不能瞥见、无法接近的事物的机会:一种看到更丰富、更不明显、跨越了视觉与想象力之间

第十章　冰川的未来

冰岛的斯卡夫塔山冰川

界限的事物的机会。冰川使我们想起那些可能已经被遗忘的事物，注意到它们留下的痕迹。这是因为人类只能看到自己所处的一小部分历史，只熟悉那些在当前的物理世界中已经发生、可能发生并且将再次发生的事物。显然，我们错过了宇宙大爆炸，我们也不记得生命的起源。我们错过了恐龙，我们也没有目击任何大陨石撞击的场景。我们错过了阿尔泰和米苏拉洪水。我们几乎错过了冰川。地球上残存的冰川就像动物园里的猛犸象，将我们与基本上已经消失的、我们可能遗忘的过去联系起来。诚然，我们的动物园里没有猛犸象，但我们在一段时间内还将保有冰川。因为我是科学家，所以我用猛犸象打比喻，并为不能见证米苏拉的洪水而感到遗憾。如果我不是科学家，我可能不会拿猛犸象打比方，而是用独角兽代替。没有独角兽将我们与那个形而上的、想象中的神奇世界联系起来。但是，对于想联系的人来说，冰川也可以做到这一点。它们远超人类的正常理解范围，使我们能够以某种方式、在某种背景下以及从某种规模上看到那个本来很难注意到的世界。